水体污染控制与治理科技重大专项
“饮用水水质风险评价方法及其应用研究”课题成果系列

饮用水水质风险评价技术

杨　敏　安　伟　胡建英
肖淑敏　彭　辉　潘申玲　◎著

科学出版社
北　京

内 容 简 介

本书系统全面地介绍了饮用水水质风险评价的方法和案例，汇集了在“水专项”支持下饮用水水质风险评价科学领域的前沿成果，重点论述了饮用水水质风险评价方法及其案例应用。本书具有以下特点：①操作性强，全面介绍饮用水中病原微生物和化学物质的健康风险评价方法和案例，可为卫生、环境和市政专业学生学习环境风险评价提供了具体操作性范例；②可读性强，本书论述，数据图文并茂，深入浅出，简明易懂；③实用性强，强调方法的应用，兼顾教学与自学。

本书可作为卫生、环境及市政等领域专业人士参考用书，也可以用于高等院校本科生及硕博士生教材。

图书在版编目(CIP)数据

饮用水水质风险评价技术／杨敏等著．—北京：科学出版社，2018. 6

ISBN 978-7-03-057874-7

Ⅰ. ①饮…　Ⅱ. ①杨…　Ⅲ. ①饮用水-水质管理-风险评价-研究　Ⅳ. ①TU991. 21

中国版本图书馆 CIP 数据核字（2018）第 126422 号

责任编辑：林　剑／责任校对：樊雅琼

责任印制：张　伟／封面设计：无极书装

科学出版社出版

北京东黄城根北街 16 号

邮政编码：100717

http://www.sciencep.com

北京虎彩文化传播有限公司印刷

科学出版社发行　各地新华书店经销

*

2018 年 6 月第　一　版　开本：720×1000　1/16

2021 年 7 月第三次印刷　印张：9 1/4

字数：200 000

定价：98. 00 元

（如有印装质量问题，我社负责调换）

前　言

饮用水安全风险评估是我国安全保障中的重要环节。然而，我国在饮用水风险评价方面研究起步较晚。20 世纪 90 年代开始，风险评价已经成为国际上饮用水安全管理和标准制定的重要工具；但我国在饮用水水质管理方面仍然在沿用过去的老办法，既没有建立起用于风险评价的方法学基础，也缺乏开展风险评价的污染物暴露数据，标准制定也只能以借鉴参考其他国家标准为主，导致我国饮用水标准的制定及风险制定方法都不得不依赖于国外的标准和技术指南。实际上我国饮用水的消费习惯和污染类型，都和国外有很大区别，例如，我国人民喜欢喝开水和吃熟食，以致对病原微生物进行了二次消毒。针对我国在饮用水水质管理上落后的局面，“水体污染控制与治理”重大科技专项饮用水主题在“饮用水安全保障管理技术体系研究与示范”项目中设置了“饮用水水质风险评价方法及其应用研究”课题，目的是通过对 35 个重点城市的水源和饮用水的水质调查，揭示主要健康相关污染物在我国代表性水源及饮用水中的暴露水平；开展饮用水健康风险评价方法研究，并以重点城市水质调查数据为基础选择若干污染物进行风险评价，形成我国开展饮用水水质健康风险评价的方法和数据基础，为我国饮用水水质管理及标准制定及国际接轨提供科技支持。

针对不同的污染物，本课题选择了熵值法、累积概率法及疾病负担法等不同的方法进行了风险评价。在方法学上也进行了一些积极的尝试，如在病原微生物风险评价上充分考虑了我国民众的饮用水消费习惯、人群分布特征及免疫状况；同时，以人体药代模型和污染物血液浓度为基础，建立基于人体内暴露的饮用水贡献率计算方法。此外，本课题开展了基于疾病负担法的风险评价，使得具有不同作用终点的污染物之间可以直接进行风险比较。本课题的成果不仅为我国饮用水水质管理提供了方法学支持，也为风险评价方法本身的发展做出了一定的贡献。

本课题在调查我国典型地区居民饮用水消费行为和饮用水摄入量的基础上，应用病原微生物学（隐孢子虫）和全氟化合物利用统合分析方法对不同来源毒性数据进行整合，初步构建了基于我国饮用水消费习惯、人群年龄分布及免疫状况的病原微生物健康风险评价方法，以及基于人群暴露累积概率分布的致癌污染物及非致癌污染物健康风险评价方法；尝试了基于流行病学数据构建剂量效应关系，以及基于人体药代模型进行人群暴露量评价和饮用水贡献率计算的方法，最终构建了相对完整的污染物风险评价方法体系，并在此基础上完成了对隐孢子虫、氯乙酸和全氟化合物等几类污染物的定量风险评价。

本书以“饮用水水质风险评价方法及其应用研究”课题的研究成果为基础，在第2章对饮用水水质风险评价方法进行总体介绍，然后在第3章~第5章分别以隐孢子虫、卤乙酸和全氟化合物为代表，详细介绍病原微生物、致癌污染物和非致癌污染物的定量风险评价过程，并在第6章以若干消毒副产物及砷与氟等具有不同作用终点的污染物为例，基于疾病负担方法进行了风险排序的尝试。

作　者

2016年10月30日

目　　录

第1章　概　述

1.1　饮用水的风险管理

工业革命极大地促进了人口向城市集中，也催生出了将饮用水通过管道输送到千家万户的现代自来水系统。欧洲是工业革命的发源地，也是现代自来水系统的发源地[1]。然而，人们很快就发现，这种将饮用水通过管道输送到千家万户的现代自来水系统在给人们生活带来极大便利的同时，也给病原微生物的大规模、广范围传播提供了良好条件[2]。病原微生物包括病毒、细菌、真菌和原生动物等，可通过生活或畜禽废水排放及暴雨径流等途径进入水源，成为影响饮用水安全的最主要问题。为了切断病原微生物通过现代自来水系统传播的途径，19世纪末英国和法国等一些欧洲国家率先在自来水厂设置专门的消毒工艺。当时主要的消毒剂是氯气，也使用了臭氧[2]。100多年前，我国在上海市、天津市、台北市和北京市等城市开始建设由英国工程师设计的这种使用了消毒工艺的现代自来水系统。日本、美国的学者指出，这种具有消毒功能的现代自来水系统的普及对各国水系传染病的控制发挥了极为重要的作用[3]。

然而，美国国家环境保护局（United States Environmental Protection Agency，USEPA）在20世纪70年代中期发现氯消毒饮用水中存在三卤甲烷（THMs）类消毒副产物（disinfection byproducts，DBPs）[4]，这些DBPs有可能与流产和膀胱癌患病率上升有关[5]。由此，饮用水中的DBPs成为当时人们关注的一大热点问题。随后大量研究发现，氯会同水中残留的天然有机物及多种人工化学品进行反应，生成种类繁多的DBPs。据报道[6]，饮用水中已经得到确认的DBPs多达600种以上，而且，至少还有上千种含1～2个氯原子的有机物的结构和毒性有待确认。因此，以病原微生物控制为首要选择就不得不接受一定程度的DBPs的潜在危害，如果放弃氯消毒就得承受一定程度的病原微生物传播的风险，如此，氯消毒这一曾经在保障人类健康和生命安全上发挥重大作用的技术成为饮用水行业一种两难的选择[7]，也促使人们重新思考饮用水消毒问题。

以美国为代表的多数国家仍然坚持认为控制病原微生物是饮用水安全保障最优先的任务，饮用水输配过程中需要有余氯来保障生物安全；以德国、荷兰为代表的一些欧洲国家为了彻底避免 DBPs 的产生，取消了氯消毒工艺，采取过滤和紫外线消毒等多级屏障来消除出厂饮用水中的病原微生物；而对管网水的病原微生物主要通过降低生物可利用有机碳（AOC）、选择生物稳定性高的管材及保障管网完整性等措施来进行控制[8]。然而，无论是哪种方式，都很难保障饮用水的绝对安全。1984 年美国得克萨斯州发生通过饮用水传播的耐氯性隐孢子虫群体感染事件[9]后，世界各地不断有关于隐孢子虫群体感染事件的报道。1993 年美国威斯康星州密尔沃基市（Milwaukee）发生了历史上规模最大的一次感染事件[10]，该市 161 万人中有约 40 万人出现了感染隐孢子虫的症状，由此引起了世界各国供水界对通过饮用水系统传播的隐孢子虫导致大规模人群感染问题的高度关注。这一系列的事件表明，仅仅依靠氯消毒并不能保障饮用水的生物安全。同时，作为替代消毒剂的氯胺虽然能大幅降低三卤甲烷（THMs）等常规 DBPs 的产生水平，但在一些前驱体（如某些仲胺）存在的情况下会产生毒性更强的亚硝胺类物质[11]。即使取消氯消毒的供水系统，有些病原菌也可以通过包裹在颗粒或其他生物体内等方式躲避紫外线消毒等各级屏障，进入没有余氯的管网后寻找机会滋生。

近年来，从饮用水中检出的农药、医药品和内分泌干扰物等痕量污染物又引起了人们对各种人工化学品可能导致的健康危害的关注[12]。当前，全世界已经登记注册的化学品超过 10 万种，进入商品流通的化学品为 3 万 ~7 万种，而且，每年仍然有大量新的化学品被合成出来。大量人类有意或无意中产生的化学品在生产、流通和消费等过程中逐步向环境，特别是水环境中扩散和积累，最终可能会进入饮用水。通常情况下，这些污染物以 10^{-9} g/L ~ 10^{-6} g/L 的水平在水中存在，有些物质（如农药和医药品等）具有很高的生物活性，而且常规的水处理工艺去除效率不高。因此，对饮用水中的这类污染物如何进行管理和控制已成为一个新的问题。

综上所述，水源中可能含有各种各样的污染物，同时，在制水过程中还会产生一系列的 DBPs，导致饮用水中可能存在成百上千种污染物，而且，随着检测技术的进步，被检出的污染物数量还会不断增加。因此，从现实的角度来看，人类不可能对饮用水中可能出现的各种污染物都进行同样的管理。在这种情况下，利用风险评价的手段进行饮用水水质管理显得非常重要。风险也就是污染可能导致的危害，通常用危害发生的概率来表示。在对污染物进行风险评价时，我们不仅要考虑污染物的毒性强度，还必须考虑人对污染物的暴露途径及暴露量，然后根据风险大小筛选出高风险污染物进行管理和控制。这样，我们才能够采用较小的代价取得更好的饮用水安全保障效果。

1.2　污染物的暴露数据

污染物风险评价的前提是要有充分的污染物暴露数据。如上所述，迄今为止已报道的饮用水污染物高达上千种，对所有污染物全部进行暴露水平调查成本太高，而且也没有必要。通常情况下，不同的工农业产业结构、环境管理水平或水源类型都会导致水源污染存在显著的差异。例如，在规模化、集约化农业生产区域，各种农药和动植物生长促进剂的污染水平较高；在化工业密集的区域，各种有机溶剂、化工中间产物及一些特定的化工产品的污染水平较高；在城市污水处理率较低的区域，水源中耗氧量、病原微生物和氨氮的污染水平较高；在湖库型水源地，藻类代谢产物（如藻毒素和嗅味物质）含量会高于河流型水源；而地下水源可能含有铁、锰、砷和氟等地质构造形成的污染物。

因此，各世界国在开展污染物调查时，都会根据本国的实际情况，结合国际上相关研究的最新结果，确定一份目标污染物清单。我国在“十一五”期间，依托国家“水体污染控制与治理”重大科技专项课题“饮用水水质风险评价方法及其应用研究”，课题组组织了针对全国35个重点城市127座自来水厂的水源水、出厂水和部分管网水的两次水质调查，水质指标除了《生活饮用水卫生标准》（GB 5749-2006）中规定的106项以外，还包括22种全氟化合物［全氟辛磺酸盐（PFOS）、全氟辛酸盐（PFOA）］、标准外大量使用的农药（乙草胺和仲丁威等6种）、新型DBPs（9种亚硝胺类物质、标准外的7种卤乙酸）、标准外的多环芳烃（15种）、雌激素（5种）、主要致嗅物质（二甲基异崁醇和土臭素等）、标准外的邻苯二甲酸酯（2种）及高氯酸盐等指标，总数达到170项。本次水质调查覆盖的供水量占35个重点城市平均公共供水量的54%，获得了迄今为止我国检测指标最多、覆盖面最广的饮用水水质数据，为开展全国饮用水水质风险评价奠定了良好的基础。

1.3　风险评价在饮用水水质标准制定中的作用

饮用水水质标准是世界各国对饮用水水质安全进行管理的主要依据[3]。世界卫生组织（World Health Organization，WHO）所制定的《饮用水水质准则》考虑到了多个国家的水处理条件和最新的毒性数据，提供了一种世界范围内饮用水水质安全的准则。诸多国家中，美国对饮用水水质标准制定最为重视，制定了一套非常严谨的程序，形成了较为完善的饮用水水质标准制定方法，这些程序和方法也是世界各国学习、借鉴的对象。美国最早于1914年颁布了《公共卫生署饮用水水质标准》，当时只有两个细菌学指标。该标准经过1925年、1942年、1946年和1962年的历次修订，截至1962年水质指标增加至28项。1974年美国国会通过了《安全饮用水法》(*Safe Drinking Water Act*，SDWA）以后，USEPA于1975年首次发布了具有强制性的《饮用水一级标准》，并于1979发布了非强制的《饮用水二级标准》。随着各种污染物不断从饮用水中检出，USEPA于1986年对SDWA进行了重大修正，将83种污染物列为控制目标，要求分年度进行评价和确认。

根据SDWA和《1986年安全饮用水法修正条款》的要求，美国至少每6年要对《饮用水一级标准》进行一次修订，以便能及时吸收最新的科技成果。同时，USEPA开始采用美国国家科学院（National Academy of Sciences，NAS）于1983年提出的风险评价方法制定标准[13]，该程序需要经过以下四个方面的评估。

1.3.1 检测技术可行性

对需评价的污染物，必须要求污染物水质判断的结果是可信任的。这对水质检测方法提出了很高的要求：分析方法必须可靠，而且开展水质分析所需的条件在一般的水质检测单位都能满足。决定一种污染物分析方法是否可行，主要考虑以下几个因素：①分析方法的灵敏度和重现性；②方法的抗干扰性（方法专一性）；③方法具有普遍适用性，常规的水质检测实验室具备相应的分析条件，技术人员经过简单的培训即可掌握方法；④分析成本合理，要求的检出限不能过于严格，只要充分达到安全阈值范围即可，并且费用在一般的检测单位能够承受的内范围。

方法检出限（method detection limit，MDL）或实际定量限（practical quantitation limit，PQL）通常用来表达方法的灵敏度[14]。仪器对污染物浓度存在一个响应阈值，一旦低于这个限值，仪器就无法检出（浓度值为0）。因此，MDL被定义为“在99%的置信度下，一种物质被检测高于零的最低浓度”，而PQL被定义为“一种化学物在常规实验室条件下以指定的精确度和准确度就可以被可靠地检测出来的最小浓度”。由于操作者、仪器、基质不同，MDL很难在不同实验室之间重复出来，所以，使用PQL比较符合执行标准的要求。

1.3.2 健康影响

对一种污染物是否进行风险评价，首先需要对其污染的健康危害进行甄别，对现有的毒理数据进行整合。污染物主要分病原微生物和化学物质，其中，化学物质的毒性作用终点分类，主要分为非致癌和致癌作用[15]。

非致癌危害效应：参考剂量（reference dose，RfD），即人体终生暴露都不会受到明显危害的日入口暴露量[16]。确定 RfD 时，需要对动物实验或流行病调查数据进行综合评估。在毒性评价实验中，不会引起毒害效应的最高剂量被称为无影响作用剂量（no observed adverse effect level，NOAEL），而发现有毒害效应的最低剂量被称为最低毒性剂量（lowest observed adverse effect level，LOAEL），LOAEL 也被称为临界效应，再根据人体特征折算成 RfD[17]。

如果数据比较充分，从可靠性的角度，一般优先考虑采用基准剂量（benchmark dose，BMD）替代 NOAEL 来估算 RfD [18]。BMD 是指根据实验数据，采用剂量–效应曲线进行模拟，并外推得到 BMD，而 BMD 的置信下限（95%）值（benchmark dose modelling，BMDL）通常用来替代 NOAEL。

致癌效应：致癌效应的数据可以分为定性评估（危害识别）和定量评估（剂量–效应评估）两部分[19]。对致癌物质进行定性评估包括对证据分量的评估，需要从动物致癌数据、人类致癌证据及一些可能的致癌机理三个方面进行综合考虑。

在 USEPA 的致癌风险评估中，根据污染物对人类致癌可能性程度差异进行了如下分级 [20]：A，对人类有致癌性；B，很可能使人类致癌；C，有可能致癌；D，评估致癌信息不足；E，没有人体致癌证据。致癌作用强度量化则由其作用方式决定。如果致癌的潜力是线性的，这种潜力可以用斜率因子（slope factor，SF）来描述。如果癌症是非遗传毒性机制（如再生性增生）作用的结果，而且对剂量来说不存在线性响应，采用一个类似于 RfD 的阈值来进行量化，该值是根据致癌模式中剂量–效应关系中的前兆效应来确定的。

SF 代表随着化学污染物浓度增加导致癌症发生概率增长的潜力[20]。由于致癌污染物无安全阈值，在环境中也不可能彻底将其清除，通常设定一个可接受的致癌发生概率（$10^{-6}\sim10^{-5}$）[21]，该值通常作为制定环境基准的参照效应值（effective dose，ED）。

然而，由于人体数据缺乏，绝大部分污染物没有充分的流行病数据，大部分情况是通过选择不确定因子从动物数据外推到人体数据。根据数据的充分性不同，不确定因子有较大差异（一般为 1、3、10 三个数值），具体选择可以参照《化学物质的风险评价》相关内容[19]。

1.3.3　饮用水中暴露水平

进行风险评价之前，确定污染物在供水系统中的暴露水平是风险评价和水质标准制定的重要基础[22]。在评估人体的污染暴露水平时，不仅要有污染物的浓度数据，还需要供水的人口数量、样品类型（原水或出水）及样品采集的时间、周期和频率等信息。在进行风险评价时，水质数据质量非常关键。水质数据主要来源包括：①管理部门或者自来水厂日常监测数据；②文献数据；③未纳入法规但是被要求检测的污染物；④科研项目数据；⑤行业调查数据；等等。通常碰到的情况是污染物并非在所有样品中被检测出，大部分情况下都是只有少部分被检测出来即存在左删失数据，如何进行左删失数据的恢复也是风险评价过程中的一项重要工作。

1.3.4 控制技术可行性

标准制定过程中，由于经济发展水平的限制，通常不得不考虑技术的经济可行性问题。因此，美国在制定过程中采用比较弹性的做法，即设定一项处理技术（TT）来替代。TT 就是规定用一种处理方法（如过滤、消毒或其他控制饮用水中污染物浓度的方法）来保证达到预期的处理效果。例如，对饮用水中的两虫（隐孢子虫和贾第鞭毛虫）进行可靠检测的成本将会非常高，因此，USEPA 要求采取有效消毒和过滤等措施来达到99%的去除率或灭活率[23]，也就是说，在实验室通过可靠的实验及检测，确定了某项处理技术及规范能够保证两虫的去除率或灭活率，在实际使用中只要严格执行该项技术规范，不必再检测两虫。

我国在 1956 年 12 月颁布了第一部饮用水水质国家标准，当时设有 15 项指标。此后经过 1959 年、1976 年和 1986 年三次修订，水质指标数增加至 35 项。2006 年，卫生部和国家标准化管理委员会联合发布了《生活饮用水卫生标准》（GB 5749-2006）[24]。这次标准修订改动非常大，水质指标增加至 106 项，增加了 71 项，并修订了 8 项，包括微生物指标 6 项，饮用水消毒剂 4 项，毒理指标 74 项，感官性状和一般理化指标 20 项，放射性指标 2 项。但由于缺乏方法学和基础数据的支持，此次标准的修订仍然是以美国、欧盟、俄罗斯、日本及 WHO 等国家和组织的现行标准为蓝本确定指标及其限值。

参考文献

[1] Howe C W. Benefit-cost analysis for water system planning [J]. Water Resources Monograph, 1971, 2 (2): 184-187.

[2] Hutzinger O. The Handbook of Environmental Chemistry [M]. Berlin: Springer-Verlag, 1980.

[3] WHO. Guidelines for Drinking-Water Quality 4th ed [M]. Geneva: World Health Organization, 2011.

[4] Bunn W W, Haas B B, Deane E R, et al. Formation of trihalomethanes by chlorination of surface water [J]. Environmental letters, 1975, 10 (3): 205-213.

[5] Waller K, Swan S H, Delorenze G, et al. Trihalomethanes in drinking water and spontaneous abortion [J] . Epidemiology, 1998, 9 (2): 134-140.

[6] Zhang H, Zhang Y, Shi Q, et al. Study on transformation of natural organic matter in source water during chlorination and its chlorinated products using ultrahigh resolution mass spectrometry [J] . Environmental Science and Technology, 2012, 46 (8): 4396-4402.

[7] Sedlak D L, von Gunten U. The chlorine dilemma [J] . Science, 2011, 331 (6013): 42-43.

[8] Payment P. Poor efficacy of residual chlorine disinfectant in drinking water to inactivate waterborne pathogens in distribution systems [J] . Canadian Journal of Microbiology, 1999, 45 (8): 709-715.

[9] D'Antonio R G, Winn R E, Taylor J P, et al. A waterborne outbreak of cryptosporidiosis in normal hosts [J] . Annals of Internal Medicine, 1985, 103 (6_Part_1): 886-888.

[10] Mackenzie W, Hoxie N, Proctor M, et al. Massive waterborne outbreak of Cryptosporidium infection associated with a filtered public water supply, Milwaukee, Wisconsin, March and April 1993 [J] . New England Journal of Medicine, 1994, 331 (3): 161-167.

[11] Richardson S D, Jr A D T, Caughran T V, et al. Identification of new drinking water disinfection by-products from ozone, chlorine dioxide, chloramine, and chlorine [J] . Springer Netherlands, 2000, 123 (1-4): 95-102.

[12] Schwarzenbach R P, Escher B I, Fenner K, et al. The challenge of micropollutants in aquatic systems [J] . Science, 2006, 313 (5790): 1072-1077.

[13] National Research Council. Risk Assessment in the Federal Government: Managing the Process [M], Washington, DC: National Academy Press, 1983.

[14] Scroggin D G. Detection limits and variability in testing methods for environmental pollutants: Misuse may produce significant liabilities [J] . Hazardous Waste and Hazardous Materials, 1994, 11 (1): 1-4.

[15] Zeise L, Wilson R, Crouch E. Use of acute toxicity to estimate carcinogenic risk [J] . Risk Analysis, 1984, 4 (3): 187-199.

[16] Barnes D G, Dourson M. Reference dose (RfD): Description and use in health risk assessments [J] . Regulatory Toxicology and Pharmacology Rtp, 1988, 8 (4): 471-486.

[17] Fox M A. Evaluating cumulative risk assessment for environmental justice: A community case study [J] . Environmental Health Perspectives, 2002, 110 (Suppl 2): 203.

[18] Barnes D G, Daston G P, Evans J S, et al. Benchmark dose workshop: Criteria for use of a benchmark dose to estimate a reference dose [J] . Regulatory Toxicology and Pharmacology, 1995, 21 (2): 296-306.

[19] USEPA. Guidelines for Carcinogen Risk Assessment [M] . Washington, DC: US Environmental Protection Agency, 2005.

[20] Albert R E. Carcinogen risk assessment in the U. S. Environmental Protection Agency [J]. Critical Reviews in Toxicology, 2008, 24 (1): 75-85.

[21] Chowdhury S, Rodriguez M J, Sadiq R. Disinfection byproducts in Canadian provinces:

Associated cancer risks and medical expenses [J]. Journal of Hazardous Materials, 2011, 187 (1): 574-584.

[22] USEPA. Guidelines for Exposure Assessment [M]. Washington, DC: US Environmental Protection Agency, 1992.

[23] Betancourt W Q, Rose J B. Drinking water treatment processes for removal of Cryptosporidium and Giardia [J]. Veterinary Parasitology, 2004, 126 (1-2): 219-234.

[24] 卫生部与国家标准化管理委员会. 生活饮用水卫生标准(GB 5749-2006)[S]. 2006.

第2章　饮用水水质风险评价方法

2.1　健康风险评价的方法概述

健康风险评价（health risk assessment）是环境风险评价的重要组成部分，是将环境污染与人体健康联系起来，通过估算有害因子对人体健康影响发生的概率，评价暴露于该有害因子的个体健康受到影响的风险。一般来说，饮用水中的污染物可以分为病原微生物和化学物质两大类。而根据毒性作用终点的不同，化学物质又可以进一步分为致癌物质和非致癌物质。因此，饮用水的健康风险对相应分为病原微生物、致癌物质及非致癌物质三种类型的健康风险评价。

人类很早就认识到环境受污染后可能会影响人体的健康。20世纪60年代以后，科学家开始使用一些数学模型预测健康效应，首先在动物实验剂量-效应关系曲线的基础上估计人终身患癌症的发生概率。进入80年代后，随着毒理学及相关科学研究的深入，对化学物质危害的评价逐渐由定性向定量发展，环境健康风险评价作为联系环境毒理学、环境流行病学与卫生政策，以及科学家与卫生管理者之间的纽带，其作用日益受到重视。NAS和国家研究委员会（National Research Council，NRC）经过反复研究，认为健康风险评价是保护公众免受化学物质危害及为风险管理提供重要科学依据的最合适方法，并于1983年提出了环境健康风险评价的基本步骤。1989年，USEPA参照上述方法也提出了与之相类似的环境污染物风险评价方法。由于各国制定的风险管理法律规定不同，不同国家采用的健康风险评价方法有一定差别。国际化学品安全规划署从1993年起召开了多次会议，最后确定健康风险评价的基本框架（图2-1），该框架包括四个步骤，即危害识别、暴露评价、剂量-效应评价和风险表征。

目前，“四步法”已经被广泛应用于饮用水中病原微生物、致癌物质及非致癌物质的健康风险评价，本章将针对这四个基本步骤作详细的介绍。

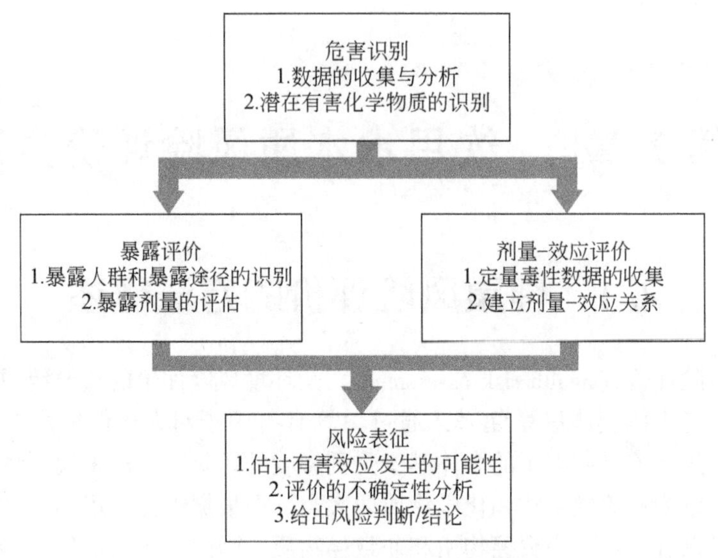

图 2-1　健康风险评价的基本框架

2.2 危害识别

危害识别是健康风险评价的第一步，主要是根据文献资料，判定某种特定污染物是否产生危害并进一步确定其危害的结果，由此筛选出目标污染物。

2.2.1　毒性数据资料

通常，危害识别的主要判断依据分为：①人类流行病学研究资料；②实验室条件下长期哺育动物的实证研究。

流行病学研究的资料可直接反映人群接触暴露后所产生的有害影响特征，不需要进行种属的外推，是危害识别中最有说服力的证据。但是，流行病学研究本身有局限性，在实际应用中受到了一定限制。其局限性表现在：首先，流行病学研究很难得到准确的暴露信息，因此，当混合暴露存在时，很难从流行病学研究资料中确定原因物质；其次，现有的资料往往来源于职业流行病学的研究，而职业流行病学的研究对象多数为成年男性，其对污染物的反应差异比一般人群要小得多，因此，所得结果有时很难用于预测一般人群的影响。

与流行病学研究资料相比，动物实验研究可较好地控制暴露情况、暴露对象及效应的测定等。对一些缺乏流行病学研究资料的化学物质或者尚未投入市场的新型化学物质，动物实验研究的资料就成了唯一的选择。当然，动物实验研究也存在一些局限性，例如，由于种属差异而向人外推和由高剂量向人群实际暴露水平外推时产生的不确定性、实验动物的饲养环境和固有的遗传因素造成动物实验研究结果产生的差异，可能明显小于人群中实际出现的差异等。

2.2.2 微生物的健康危害

WHO[1]的《饮用水水质准则》指出，与饮用水有关的卫生问题大多来自微生物的污染，而微生物风险主要是由其中少数的病原微生物引起。水介传播疾病的病原微生物主要包括：①细菌类，如霍乱弧菌、伤寒杆菌、副伤寒杆菌、沙门氏菌、志贺氏菌、耶尔森菌、大肠埃希菌和弯曲菌属等；②病毒类，如脊髓灰质炎病毒、甲型和戊型肝炎病毒、轮状病毒、腺病毒、柯萨奇病毒和诺如病毒等；③寄生原虫类，如溶组织内阿米巴、贾第鞭毛虫、隐孢子虫和刚地弓形虫等。这些病原微生物一般来自人和动物排泄的粪便，普遍对环境有较强的抵抗力，能够在自然界存活几天甚至几个月[2]。

饮用水中常见病原微生物对人体的危害见表 2-1。从水中摄取细菌类和原生动物类病原微生物后主要会引起肠胃疾病；但病毒类如甲型肝炎病毒会引起肝炎，小圆形病毒会引起儿童，尤其是婴儿的死亡。饮用水的消毒处理（主要为加氯消毒）可以杀灭许多病原微生物，尤其是细菌。然而，这并不一定能确保供水的安全性。例如，加氯消毒对原生动物（尤其是抗氯性的隐孢子虫属）和某些病毒有其局限性。

表 2-1　饮用水中常见病原微生物对人体的危害

病原微生物		对人体的潜在健康危害	饮用水中污染物的来源
细菌	沙门氏菌	主要为肠胃炎，有时为伤寒	人类和动物粪便
	志贺氏菌	肠胃疾病（如痢疾等）	人类和动物粪便
	霍乱弧菌	主要引起肠胃疾病	人类粪便
	军团菌	军团菌病，通常为肺炎	水中常见，温度高时繁殖快
病毒	甲型肝炎病毒	引起肝炎	人类粪便
	小圆形病毒	主要引起儿童，尤其是婴儿的死亡	人类粪便
原生动物	隐孢子虫	肠胃疾病（痢疾、呕吐和腹痛等）	人类和动物粪便
	贾第鞭毛虫	肠胃疾病（痢疾、呕吐和腹痛等）	人类和动物粪便

2.2.3 化学物质的健康危害

饮用水中化学物质对健康的不良影响主要是长期较低剂量暴露于这些化学成分所致，包括致癌性毒性和非致癌性毒性。

2.2.3.1 致癌性毒性

化学物质引起正常细胞发生恶性转化并发展成恶性肿瘤的作用称为化学致癌作用，该物质则被称为化学致癌物。致癌物分为遗传毒性致癌物和非遗传毒性致癌物。一般认为：遗传毒性化学致癌物的始动过程是在体细胞（即除卵细胞和精子外的细胞）的遗传物质——脱氧核糖核酸（deoxyribonucleic acid，DNA）中诱发突变，在任何暴露水平（即无阈值）都具有理论上的危险性。另一方面，有的致癌物能在动物或人体生成癌瘤，并不具有遗传毒性，而是通过间接机制起作用的。一般认为，非遗传毒性致癌物存在阈值。

在评估化学物质潜在致癌作用时，主要以长期动物实验为基础。有时也有流行病学研究数据，其大多数来源于职业暴露。根据现有证据，国际癌症研究机构（International Agency for Research on Cancer，IARC）将化学物质按照其潜在致癌风险进行分组：1 组，对人体致癌的物质；2A 组，很可能使人致癌的物质；2B 组，可能使人致癌的物质；3 组，不按对人有无致癌作用来分类的物质；4 组，可能不会使人致癌的物质。而 USEPA 对现存化合物或危害未明的化合物的资料进行评估后，根据动物和人类资料证据的程度进行分组：A 组，人类致癌物；B 组，很可能的人类致癌物（包括两个亚组，即 B1，流行病学研究证明其致癌性证据有限；B2，动物实验有充足的证据，但流行病学研究的证据不足或缺乏）；C 组，可能的人类致癌物；D 组，不能确定为人类致癌物；E 组，对人类无致癌证据物质。

WHO 制订的《饮用水水质准则》中涉及致癌及可能致癌的无机物和有机物共有 36 项。无机物主要包括含有铬、砷、镉、铅和汞等重金属的单质及化合物；有机物主要包括挥发酚类、四氯化碳、苯并芘、亚硝胺及饮用水处理过程中生成的多种 DBPs[1]。

2.2.3.2 非致癌性毒性

根据有害影响的部位，化学物质的非致癌毒性可以分成肝毒性、肾毒性、呼吸毒性、神经毒性、造血毒性、循环毒性、生殖毒性。甲基汞、铝、汞、锰、铅和有机氯农药等被证实具有神经毒性。研究发现 50 多种广泛使用的化学物质对实验动物具有生殖毒性，如内分泌干扰物（双酚和有机氯等）与金属（铅、镉、汞、砷和锰等）。氟化物和砷是饮用水中两类地域性很强的化学物质。例如，暴露于天然高氟水可导致氟斑牙，严重时可造成致残性氟骨症。类似的，如果天然饮水中砷浓度过高，除有致癌危害外，还可导致许多非致癌性的皮肤损害，包括黑变病、色素沉着和皮肤角化。

大量的流行病研究和实验数据表明，化学物质低于某一剂量时无法观察到产生的健康危害现象，即化学物质的非致癌毒性被认为存在阈值现象[1]。

2.3 暴露评价

暴露评价是对人群暴露于环境介质中有害因子的强度、频率、时间进行测量、估算或预测的过程，是进行风险定量的依据。暴露人群的特征鉴定与被评物质在环境介质中浓度与分布的确定，是暴露评价中不可分割的两个有机组成部分。

2.3.1 暴露人群的识别

在饮用水进行暴露评价时，首先需要对接触污染物的暴露途径进行分析，通常涉及经口摄入、体表皮肤摄入甚至呼吸摄入。最直接的摄入途径是经口摄入，其中包括饮水、进物等；其次是体表皮肤摄入，主要涉及淋浴过程或者职业暴露过程；呼吸摄入主要涉及在封闭环境的淋浴过程。影响摄入量的因素很多，主要与人群的个体特征（平均体重、平均体表面积、平均寿命、平均暴露时间、人群平均饮水量、淋浴次数和淋浴时间等）及生活习惯相关（性别、年龄、居住地域、活动状况）

暴露人群的特征可以分为个体暴露与群体暴露，其在日常活动和饮食等过程中都有可能接受暴露。人群中由于个体的年龄、性别和遗传基因等的不同，在同样的暴露条件下，一些敏感人群更易受到污染物的危害。

2.3.2 暴露途径的识别及暴露量的计算

饮用水中污染物进入人体有多种途径，最主要最直接的途径是日常的经口饮水摄入，其类型包括开水、生水、直饮水和饮料等；其次是通过口腔摄入在刷牙、洗菜和洗盘子过程中残留的饮用水。除此之外，在淋浴和游泳过程中，污染物可以通过呼吸和皮肤接触摄入。

2.3.2.1 经口饮水摄入量的估算

(1) 日平均饮用水量及饮用水类型

饮用水的摄入量会随着暴露人群的身体活动状况和所处环境状况（温度和湿度等）而变化，因此，正确估计暴露剂量需要大量的消费信息。我国的饮用水健康风险评价工作开始较晚，仍缺乏全国的饮用水消费习惯调查，只有一些局部的调查结果。USEPA 默认成人日平均饮用水为 2 L/d，世界各国也基本上采纳了该摄入值。

北京市丰台农村地区成年居民的调查结果显示，成人日平均饮用水量为（2219±49）mL/d，其中，男性、女性分别为（2367±73）mL/d、（2065±64）mL/d [3]。陈忠伟[4]对深圳市南山区的调查结果表明，居民日平均饮用水摄入总量为1862.1 mL/d，其中，男性为2089 mL/d，女性为1660 mL/d。对北京市、上海市、成都市、广州市进行的夏季饮用水情况调查中，18～60 岁居民日平均水分摄入总量为3260 mL/d。其中，饮用水量为 1815 mL/d，占总量的 55.7%；其次是来源于食物的水分（1331 mL/d），占40.8%；饮酒量占3.5%（114 mL/d）[5]。石家庄市、宁波市、厦门市的居民用水习惯调查表明，居民日常饮用水以开水为主。除此之外，在家多饮用桶装水，在外多饮用瓶装水。石家庄市、宁波市和厦门市调查对象的日平均直接饮用水量分别为 2066 mL/d、1666 mL/d 和 1602 mL/d。徐鹏等[6]的调查结果发现，北京市和上海市居民冬夏两季的日平均饮用水量分别为2200 mL/d、1700 mL/d 和2000 mL/d、1800 mL/d。由以上调查结果可见，我国的人均日平均饮用水量为1.5～2.5L/d（平均值为1893mL/d），但由于生活习惯的不同，各地区存在一些差异。

我国的人均日饮用水量与 USEPA 的假设值基本一致。然而，中国居民和西方人的饮用水消费方式存在明显的差异。例如，中国人更习惯喝开水或用开水泡的茶，而在欧美甚至日本，人们通常直接饮用龙头水。这种消费习惯的不同会给风险评价结果带来很大的差异性，尤其是病原微生物的健康风险评价。根据北京市、上海市的饮水习惯调查数据[6]，计算得到桶装水、沸水及生水占饮用水总量的比例分别为 32.1%、64.7%及 3.2%；结合我国各年龄段的饮用水量数据[7]，可得各年龄段的饮用水情况，结果见表 2-2。

表 2-2 各年龄段饮用水情况

年龄（岁）	桶装水（mL/d）	沸水（mL/d）	生水（mL/d）	总饮用水量（mL/d）
<1	262.9	529.9	26.0	818.8
1～4	262.9	529.9	26.0	818.8

续表

年龄（岁）	桶装水（mL/d）	沸水（mL/d）	生水（mL/d）	总饮用水量（mL/d）
5～9	445.8	898.5	44.2	1 388.5
10～14	445.8	898.5	44.2	1 388.5
15～19	551.6	1 111.7	54.6	1 717.9
20～24	657.3	1 324.9	65.1	2 047.3
25～29	657.3	1 324.9	65.1	2 047.3
30～34	705.9	1 422.8	69.9	2 198.6
35～39	705.9	1 422.8	69.9	2 198.6
40～44	674.3	1 359.1	66.8	2 100.2
45～49	674.3	1 359.1	66.8	2 100.2
50～54	689.6	1 390.0	68.3	2 147.9
55～59	689.6	1 390.0	68.3	2 147.9
60～64	677.7	1 365.9	67.1	2 110.7
65～69	677.7	1 365.9	67.1	2 110.7
70～74	677.7	1 365.9	67.1	2 110.7
75～79	677.7	1 365.9	67.1	2 110.7
80～84	677.7	1 365.9	67.1	2 110.7
85～89	677.7	1 365.9	67.1	2 110.7
>90	677.7	1 365.9	67.1	2 110.7

（2）饮用水途径的摄入量

慢性每日摄入量（chronic daily intake，CDI）为人体终生暴露于某种污染物下单位体重的平均日摄取量。饮用水摄入途径的 CDI_{ing}［mg/（kg·d）］可通过以下公式估计：

$$CDI_{ing}=\frac{C_w \times IR \times EF \times ED \times CF}{BW \times AT} \tag{2-1}$$

式中，C_w为饮用水中的污染物的浓度（μg/L）；IR 为饮用水量（L/d）；EF 为暴露频率（d/a）；ED 为暴露时长（a）；CF 为单位转换系数（从 μg 转换为 mg，0.001）；BW 为体重（kg）；AT 为平均暴露时间（d）。参数的具体取值情况见表 2-3。下面以 THMs 为例解释暴露参数的估算过程。

表 2-3　经口及淋浴暴露评价中使用的参数及参数值

参数	单位	取值	数据来源
饮用水中 DBPs 的浓度（C_w）	μg/L	调查数据	调查
饮用水量（IR）	L/d	2	[18]
人体体重（BW）	kg	67.7（男性） 59.6（女性）	[19]
平均暴露时间（AT）	d	74 ×365（男性） 78 ×365（女性）	[19]
暴露频率（EF）	d/a	365	[20]
暴露时长（ED）	a	74（男性） 78（女性）	[19]
空气吸入速度（R）	m^3/min	0.014（男性） 0.011（女性）	[18]
水流速度（Q_W）	L/min	5	[21]
淋浴间体积（V_S）	m^3	5	[22]
淋浴频率（F）	shower/day	Tri（0.17，0.43，1）	本书
淋浴时长（t）	min	Tri（6.7，15，45）	本书
浴室空气中 THMs 的浓度（C_{air}）	μg/L	Little 模型	[21]
空气流速（Q_G）	L/min	50	[21]
亨利常数（H）	—	0.12（TCM） 0.0656（BDCM） 0.0321（DBCM） 0.0219（TBM）	[22]
总传质系数（$K_{OL}A$）	L/min	7.4（TCM） 5.9（BDCM） 4.6（DBCM） 3.7（TBM）	[21]
皮肤表面积（A_s）	m^2	（4BW+7）/（BW+90）	[18]
皮肤渗透系数（PC）	m/min	1.48×10^{-6}（TCM） 9.67×10^{-7}（BDCM） 6.50×10^{-7}（DBCM） 4.33×10^{-7}（TBM）	[22]

注：Tri，即三角形分布；括号中的数字分别表示洗澡调查数据的 10th、50th 和 90th 分位数；TCM：三氯甲烷；BDCM：二氯-溴甲烷；DBCM：一氯二溴甲烷；TBM：三溴甲烷。

2.3.2.2 淋浴时摄入量的估算

研究表明，人们在进行淋浴和洗碗等室内活动时，饮用水中的挥发性有机化合物（volatile organic compound，VOC）会通过呼吸进入人体[8,9]。作为 DBPs 中的一大类，THMs 属于典型的 VOCs。有研究表明，经过 10min 淋浴，口腔、呼吸和皮肤接触三种途径的三卤甲烷（THMs）暴露量的比值为 3 : 4 : 3；淋浴时间为 20min 时，比值变为 1 : 7 : 2[10]。因此，在 THMs 的健康风险评价中，必须考虑淋浴时的呼吸摄入及皮肤接触摄入等暴露途径。

（1）呼吸暴露途径

在淋浴时，水温一般被加热至 35～45℃，水温升高将加速 THMs 的形成和从水相进入气相中的转移过程。因此，随着温度的增高和淋浴时长的延长，空气中 THMs 的浓度将会增高[10,11]，其呼吸暴露量也将增加。

淋浴过程中 THMs 呼吸暴露途径的平均日摄入量 $\mathrm{CDI_{inh}}$［mg/（kg · d）］可用模型表示如下[12]：

$$\mathrm{CDI_{inh}}=\frac{C_{\mathrm{air}}\times R\times t\times F\times \mathrm{EF}\times \mathrm{ED}}{\mathrm{BW}\times \mathrm{AT}} \tag{2-2}$$

式中，C_{air}为浴室空气中 THMs 的浓度（μg/L）；R 为空气吸入速度（m^3/min）；t 为淋浴时长（min）；F 为淋浴频率（shower/day）；EF 为暴露频率（d/a）；ED 为暴露时长（a）；BW 为人体体重（kg）；AT 为平均暴露时间（d）。F 和 t 的估计值来自中国三个城市（石家庄市、宁波市和厦门市）的淋浴调查数据。为了使潜在离群值导致的估计偏差最小化，以调查数据的 10th、50th 和 90th 分位数生成三角形分布来表征 F 和 t[13]，结果见表 2-3。

C_{air}为浴室空气中 THMs 的浓度，可通过 Little 提出的双阻力理论进行估计：

$$C_{\mathrm{air}}=(C_0+C_t)/2 \tag{2-3}$$

式中，C_0是初始时刻空气中 THMs 的浓度（μg/L），假定为 0；C_t为 t 时刻空气中 THMs 的浓度（μg/L）：

$$C_t=[1-\exp(-bt)](a/b) \tag{2-4}$$

$$b=\{(Q_{\mathrm{w}}/H)[1-\exp(-N)]+Q_{\mathrm{G}}\}/V_{\mathrm{s}} \tag{2-5}$$

$$a=\{(Q_{\mathrm{w}}.C_{\mathrm{w}})[1-\exp(-N)]\}/V_{\mathrm{s}} \tag{2-6}$$

$$N=\mathrm{K_{OL}A}/Q_{\mathrm{w}} \tag{2-7}$$

式中，N 为通过 $\mathrm{K_{OL}A}$ 估计而来的一个无量纲的总传质系数。式（2-2）～式(2-7) 中其他参数的意义和取值见表 2-3。

（2）皮肤接触暴露途径

THMs 可通过皮肤渗透进入人体，速率为 0.16～0.21cm/h[14]。因此，通过皮肤接触暴露，氯化自来水可能会对人体健康产生威胁。目前，已有许多研究报道了 THMs 的皮肤接触暴露量[11,15-17]。Cleek 和 Bunge[16] 发现 THMs 的皮肤接触摄入量为口腔摄入量的 40% ~70%。根据 Xu 等[14] 的估算，10min 淋浴导致的皮肤接触暴露量为口腔摄入量的 25% ~34%。

淋浴过程中，THMs 皮肤接触暴露途径的平均日摄入量 CDI_{der} [mg/ (kg · d)] 可用模型表示如下：

$$CDI_{der}=\frac{C_w \times A_s \times PC \times t \times F \times EF \times ED}{BW \times AT} \tag{2-8}$$

式中，C_w 为饮用水中的污染物的浓度（μg/L）；A_s 为皮肤表面积（m^2）；PC 为皮肤渗透系数（m/min）；t 为淋浴时长（min）；F 为淋浴频率（shower/day）；EF 为暴露频率（days/year）；ED 为暴露时长（a）；BW 为人体体重（kg）；AT 为平均暴露时间（d）。参数的意义和取值见表 2-3。

2.3.2.3　游泳时摄入量的估算

人体在游泳池水的浸泡下，体表会有大量的脏物和分泌物脱落溶解于水中污染池水，而这些污染物又包含着大量的有害病原微生物。为此，需要通过消毒（通常用氯）以防止疾病的传播。然而，消毒剂可与池中的有机物相互作用形成对人体有害的 DBPs。最新的研究发现，用氯消毒的游泳池水中含一百多种 DBPs，其中，许多 DBPs 有毒并且会致癌。因此，游泳暴露会对人群产生潜在的健康风险[23]。

游泳过程中，通过口腔摄入途径，平均每年吞下的生水量（V_{sw}）可用如下公式计算：

$$V_{sw}=V_s \times P_{sw} \times f_{sw} \tag{2-9}$$

式中，V_s 为每次游泳时吞下去的水量（mL）；P_{sw} 为调查人群中游泳者的比例（%）；f_{sw} 为每年的游泳频率（次/年）。Dufour 等[24] 认为，未成年人的 V_s 为 37 mL，而成年人为 16 mL。浙江省的调查结果显示，不同年龄阶段的 P_{sw} 为 10.5% ~21.6%[25]。大部分人只在周末游泳，假定游泳频率为一周一次，而时间段为 5 ~9 月，则 f_{sw} 为 20 次/a。不同年龄阶段的 V_s 及 P_{sw} 取值见表 2-4，表中 $\vec{S}$ 为中国人口结构[26]。

表 2-4　各年龄段的游泳吞水量及游泳者比例*

年龄（岁）	$\vec{S}\times 10^4$	V_s（mL）	P_{sw}
<1	3 808	0	0
1 ~4	3 090	0	0

续表

年龄（岁）	$\vec{S}\times10^4$	V_s（mL）	P_{sw}
5～9	9 015	0.037	0.105
10～14	12 540	0.037	0.155
15～19	10 303	0.037	0.172
20～24	9 457	0.016	0.216
25～29	11 760	0.016	0.216
30～34	12 731	0.016	0.216
35～39	10 915	0.016	0.216
40～44	8 124	0.016	0.216
45～49	8 552	0.016	0.216
50～54	6 330	0.016	0.216
55～59	4 637	0.016	0.216
60～64	4 170	0.016	0.216
65～69	3 478	0.016	0.216
70～74	2 557	0.016	0.216
75～79	1 593	0.016	0.216
80～84	799	0.016	0
85～89	303	0.016	0
90～94	78.5	0.016	0
95～99	17.0	0.016	0
>100	1.79	0	0

* 假定 4 岁以下、80 岁以上的人不去游泳。

因此，游泳时污染物的平均日摄入量 CDI_{sw}（mg/kg-day）可以表示为

$$CDI_{sw}=\frac{C_{sw}\times V_{sw}\times ED}{BW\times AT} \tag{2-10}$$

式中，C_{sw}为游泳池水中的污染物浓度（μg/L），其他参数的意义及取值见表 2-3。

2.3.2.4 饮用水残留摄入量的估算

饮用水残留的方式主要包括黏附在餐具上的清洗用水、黏附在生食用菜上的清洗用水及刷牙时摄入口中的水。因残留水的体积较少，经常被忽略。但在病原微生物的风险估算中，饮用水残留摄入却是十分重要的暴露途径。特别是在我国，由于喝茶或开水是主要的饮用水摄入方式，残留摄入量就成为生水摄入的主要途径。

饮用水残留摄入量（V_{re}）可用水膜表面积（S_{re}）和厚度（H_{re}）之积来表达：

$$V_{re}=S_{re}\times H_{re} \tag{2-11}$$

按式（2-11）可计算各种方式的饮用水残留摄入量。以我国居民为例的各种饮用水残留摄入量估算见表 2-5。

表 2-5　各种饮用水残留摄入量的估算值

项目	形状	直径（mm）	表面积（mm^2）	频率（次/天）	残留量（L/d）
碟	圆	190～220	28 352～38 103	6	0.003～0.023
碗	半球	60～120	5 654～22 619	3	0.002～0.012
口腔	椭球体	—	21 470	3	0.001～0.001
蔬菜	平面	4.16～6.1mg/cm^2 *	41 715～305 848	1	0.001～0.034

*蔬菜的形状是平面的，它的厚度通常在一定范围，因此，可以根据叶子比表面积系数估算叶子表面积。

因此，饮用水残留导致的污染物的平均日摄入量 CDI_{re}［mg/（kg·d）］可以表示为

$$CDI_{re}=\frac{C_{re}\times V_{re}\times EF\times ED}{BW\times AT} \tag{2-12}$$

式中，C_{re}为残留水中的污染物浓度（μg/L），其他参数的意义及取值见表 2-3。

2.3.2.5　不同暴露途径摄入量的总和

污染物不同暴露途径的总摄入量可按以下公式进行计算[27]：

$$Dose=\sum_{i} CDI_{i} \tag{2-13}$$

式中，i 为第 i 种暴露途径；CDI 为污染物的平均每日摄入量［mg/（kg·d）］。

在风险评价过程中，有时为了方便可将各种途径暴露量的平均值进行简单的加和作为总摄入量。实际上，由于不同途径的暴露量都会存在个差或者呈现一种分布规律，一般采用蒙特卡罗法来模拟总的暴露量分布。正态分布相加的结果仍然为正态分布，因此，当各种途径的摄入量呈现正态分布或对数正态分布时，可以计算总暴露量的算术平均值和标准偏差。

2.4　剂量-效应评价

剂量-效应评价是通过人群研究或动物实验的资料，确定适合于人的剂量-效应曲线，并由此计算出评价危险人群在某种暴露剂量下所对应的阈值，即对有

害因子暴露水平与暴露人群可能危害发生率间的关系进行定量估算的过程，也是进行健康风险评价的定量依据。

2.4.1 病原微生物的剂量–效应评价

病原微生物的剂量–效应关系评价主要是研究人体摄入一定剂量的病原微生物后是否发生感染及对应的感染率。

大多数病原微生物的剂量–效应资料很难通过临床研究和流行病学调查得到，所以，该方法的应用受到了一定的限制。1983 年，Haas[28] 最早对饮用水微生物的危险度进行了定量研究。他根据已有数据，研究并发现 β- Poisson 模型能够很好地表达传染的概率，如式（2-14）所示：

$$P_i = 1-(1+N/\beta)^{\alpha} \tag{2-14}$$

式中，P_i为传染概率；α、β 为曲线界定参数；N 为暴露剂量。用该模型可以估测饮用水中轮状病毒、霍乱弧菌及艾柯病毒的危险度。

另一种常用的数学模型是指数模型，如式（2-15）所示：

$$P_i = 1- \mathrm{e}-\gamma N \tag{2-15}$$

式中，P_i为传染概率；γ 为曲线界定参数；N 为暴露剂量。该模型可以用来评价饮用水中沙门氏菌、隐孢子虫和贾第鞭毛虫等的危险度。

常见病原微生物的剂量–效应关系参数总结见表 2-6。

表 2-6 常见病原微生物的剂量–效应关系参数

微生物	最佳模型	模型参数
沙门氏菌	指数模型	γ = 0.007 52
隐孢子虫	指数模型	γ = 0.004 67
贾第鞭毛虫	指数模型	γ = 0.019 8
霍乱弧菌	β-Poisson 模型	α = 0.49，β = 1 073.2
轮状病毒	β-Poisson 模型	α = 0.24，β = 0.42
艾柯病毒 12 型	β-Poisson 模型	α = 0.374，β = 186.7

2.4.2 致癌效应的剂量–效应评价

致癌效应的剂量–效应关系往往采用无阈值的评定方法，即认为大于零的所有剂量在某种程度上都有可能导致该有害效应的发生。

曲线关系的建立以各种关于剂量和效应的定量研究为基础，优先选择人类流行病学证据，这是最可靠最有说服力的资料。但是，在一般情况下，很难得到完整的人群暴露资料，故选择敏感动物的实验数据资料。其中，应该注意要对选择的数据进行相关性和数据质量评估以便于准确地反映污染物的人类致癌效应。实际上，动物实验学的暴露剂量通常要比人体在实际环境中的暴露剂量高很多，人们需要采用实验获取的剂量-效应关系资料推断在低剂量条件下的剂量-效应关系，这称为低剂量外推[29]。通过这样的方式在技术上较好地解决了人体实际暴露情形下剂量-效应关系的难题。

从高剂量向低剂量外推时，常用的模型包括一次碰撞模型（one-hit model）、多次碰撞模型（multi-hit model）、线性多阶段模型（multistage model）、威布尔模型（Weibull model）、Logit 模型（Logit model）和 Probit 模型（Probit model）等，其形式见表 2-7。模型的选择主要基于污染物的作用模式及模型的拟合度[30]。其中，线性多阶段模型被认为是比较保守的模型之一，USEPA 推荐在缺少足够资料时采用该模型[31]。

表 2-7　致癌物质剂量-效应曲线的常用外推模型

模型	关系式
一次打击模型	$P(d)=1-\mathrm{e}^{-(a+bd)}$
多次打击模型	$P(d)=\int_0^{bd} x^{k-1}\mathrm{e}^{-x}/\gamma(k)\ dx$
线性多阶段模型	$P(d)=1-\mathrm{e}^{-(q_0+q_1d+q_2d^2+\cdots+q_kd^k)}$
Weibull 模型	$P(d)=1+\mathrm{e}^{-bd^k}$
Logit 模型	$P(d)=1+\mathrm{e}^{-(a+b\lg d)^{-1}}$
Probit 模型	$P(d)=\varphi(a=b\lg d)$

USEPA 对致癌物质的剂量-效应关系评价的核心内容是根据线性无阈值数学模型确定致癌强度系数（carcinogenic potency），以 SF 表示。SF 为实验动物或人终身暴露于致癌物剂量为 1mg/（kg·d）时的终身超额患癌风险［mg/（kg·d）］$^{-1}$，其值为剂量-效应曲线斜率的 95% 上限值。因此，它被认为是人类终身暴露于致癌物质发生癌症概率的上限值。致癌物质的 SF 取值可以参照美国综合风险信息系统（integrated risk information system，IRIS）[32] 及风险评价信息系统（risk assessment information system，RAIS）[33] 的最新数据。

2.4.3　非致癌效应的剂量-效应评价

对非致癌效应，通常认为存在阈值现象，即低于该值就不会产生不良的健康影响，USEPA 采用 RfD 表示该剂量阈值。RfD 为与环境介质（空气、水、土壤和食品等）中的化学物质接触过程中，预期人群（包括敏感亚群）在终生接触此化学物质的条件下，导致人群不会发生可观察到的危害时所对应剂量基准值。

Renwick[34] 对导出 RfD 的基本原则和程序提出了完整的流程图（图 2-2），其具体的计算公式为

$$\mathrm{RfD} = \frac{\mathrm{NOAEL}\ 或\ \mathrm{LOAEL}}{\mathrm{UF}} \tag{2-16}$$

式中，UF 为不确定系数；NOAEL 为未观察到有害效应的剂量水平［mg/（kg · d）］，在此剂量时，暴露组与对照组相比，有害效应发生的频率或严重程度的增加没有统计学或生物学意义，或者虽然观察到有统计学意义，但不认为这些效应是有害的；LOAEL 为观察到有害效应的最低剂量［mg/（kg · d）］，在此水平下，暴露组发生的有害效应频率或严重性的增加与对照组比较有统计学或生物学意义。

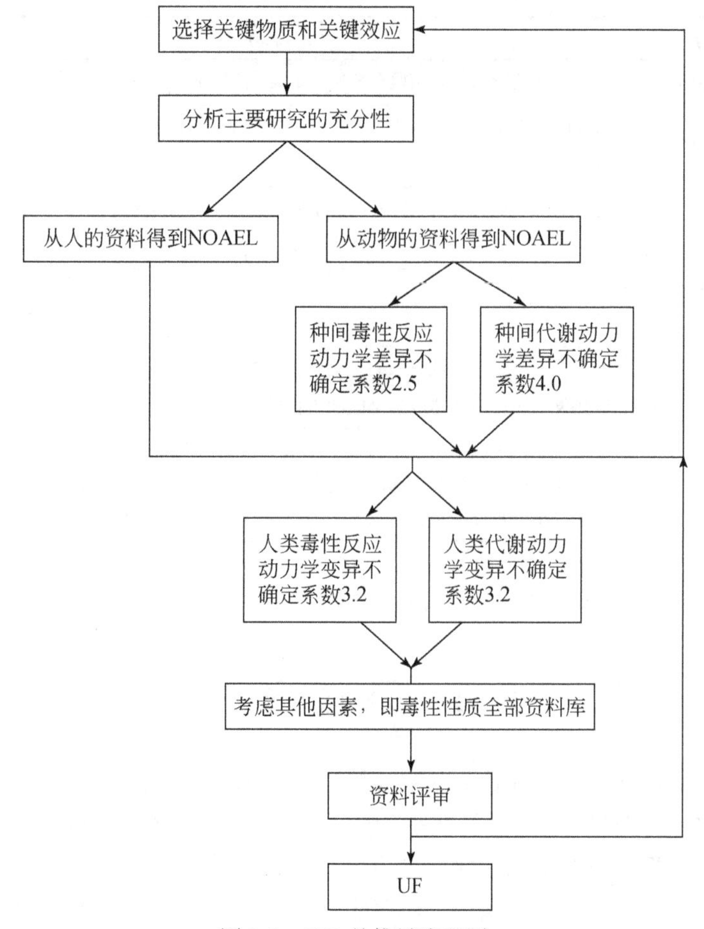

图 2-2　RfD 的推导流程图

然而，RfD 的安全可靠性是有限的，因为其所依据的关键数据存在固有的缺陷，即 NOAEL（即阈值）取决于样本的大小。关键在于受实验剂量设定的限制，不能保证高于 NOAEL 的剂量会产生有害效应，即无法得到真正的 NOAEL。因此，一类方法侧重于通过拟合的剂量-效应曲线进行插值，获取实验剂量以外的更多信息，即采用 BMD 推导 RfD[35]。BMD 是一个能使有害效应发生率统计意义下显著升高对应剂量的置信下限值，用此值代替 NOAEL，除以不确定性系数即可推导出 RfD。此外，分类回归（categorical regression）的方法也可用于计算 NOAEL 的相应替代值[36]。另一类方法侧重于使用“基于数据的不确定系数”，试图通过种系内和种系间有毒物质代谢动力学和毒性反应动力学的资料，来改善 UF 的选择[37]（表 2-8[38]）。

表 2-8　确定 RfD 时典型的 UF①和修饰系数（MF）②

考虑因素	UF 或 MF 的取值
人个体间的差异	使用正常健康人作为实验对象时，通常采用 UF_1 为 10
实验动物到人的差异	当人群暴露研究不可得或不充分时，采用 UF_2 为 10，用以解决动物资料向人外推时的不确定性
亚慢性到慢性的推断	通常采用 UF_3 为 10，考虑了从亚慢性的 NOAEL 到慢性的 NOAEL 推断的不确定性
LOAEL 到 NOAEL 的外推	通常采用 UF_4 为 10，考虑了从 LOAEL 外推到 NOAEL 的不确定性
数据库的完整性	当资料不完整时，从有限的动物实验外推时，通常采用 UF_5 为 10，考虑了单个实验结果不能充分阐述各种可能的不良效应
MF	使用专业判断以决定额外的 UF，即 MF 。MF 一般为（0，10]，其大小取决于对实验和数据库科学上不确定性的专业分析，这种不确定性在上述的外推中未加以明确解决（如实验的动物数，反应严重性）。默认的 MF 一般为 1

注：①$UF = UF_1 \times UF_2 \times UF_3 \times UF_4 \times UF_5 \times MF$；对任何不确定系数，都需要进行专业判断以给出合适的数值，通常的 UF 最高为 3000。②修饰系数（modifying factor，MF）。

2.5　风险表征

风险表征是健康风险评价的最后步骤，也是风险管理的第一步。利用危害识别、暴露评价、剂量-效应评价获得的数据，通过综合暴露评价和剂量-效应评价的结果，估算人群在不同接触条件下，可能产生的健康危害的强度或某种健康效应的发生概率，并对其可信度或不确定性加以阐述，最终以报告形式提供给环境风险管理人员，作为其管理决策的依据。

2.5.1 风险估算

对病原微生物，风险评价的终点一般为摄入一定量的饮用水而导致的个人每年感染的概率，将暴露剂量带入对应的剂量–效应曲线中即可获得风险值。对化学物质，风险估算分为致癌性和非致癌性两种。致癌性风险评价的终点一般为终身暴露于致癌物质而导致的增高的癌症发病率。非致癌性风险估算常采用熵值法计算危害指数（hazard index，HI），而当暴露浓度和危害阈值标准都为随机变量时，可采用基于概率分布的熵值法。由此可知，不同类型污染物的风险表征终点的差别很大，因此，不能对其进行直接的风险比较。为了对不同的污染物进行风险排序，最终列出优先控制污染物清单，WHO 推荐使用通用统一的风险评价终点，即伤残调整生命年（disability-adjusted life years，DALYs）来表达由污染物引起的疾病负担（burden of disease，BOD）。以下将分别对这几种风险估算方法进行简单的介绍。

2.5.1.1 风险估算

当致癌物质的暴露剂量很小时，假设其与动物或人群致癌反应关系为线性，终身暴露于致癌物质而导致的癌症风险可表示为终身癌症风险。

将慢性每日摄入量乘以 SF 可以获得该物质的各种暴露途径导致的癌症风险（终身癌症发病率）$IR_{i,j}$

$$IR_{i,j} = CDI_{i,j} \times SF_{i,j} \tag{2-17}$$

式中，i 为不同的暴露途径（饮水、呼吸或者皮肤接触）；j 为不同的致癌物质；CDI 为慢性每日摄入量［mg/（kg·d）］；SF 为致癌物质的斜率因子［$(mg/kg \cdot d)^{-1}$］。

假设各种致癌物的致癌效应没有协同和拮抗作用，使用相加模型计算总的癌症发病率 TIR：

$$TIR = \sum_{i,j} CDI_{i,j} \times SF_{i,j} \tag{2-18}$$

目前，USEPA 规定的癌症风险的限制区间为 $10^{-6} \sim 10^{-4}$[39]。当风险水平小于 10^{-6}时，表示风险可忽略不计；而当风险水平大于 10^{-4}时，表示存在显著风险度。

2.5.1.2 非致癌效应的风险估算

（1）简单熵值法

非致癌效应的风险评价也可以称为有阈值的风险评价，取剂量阈值为 USEPA

制订的 RfD，则采用熵值法可以计算各途径导致的危害指数 $HI_{i,j}$ 为

$$HI_{i,j} = CDI_{i,j} / RfD_j \tag{2-19}$$

式中，i 为不同的暴露途径（饮水、呼吸或者皮肤接触）；j 为不同的污染物；CDI 为慢性每日摄入量［mg/（kg·d)］；RfD 为非致癌效应的参考剂量［mg/（kg·d)］。

假设各种污染物的非致癌效应间没有协同和拮抗作用，使用相加模型计算总的危害指数：

$$HI = \sum_{i,j} CDI_{i,j} / RfD_j \tag{2-20}$$

通常，当 $HI \geqslant 10$ 时，表示风险处于很高的水平，需要立即采取措施；当 $1 < HI < 10$时，表示风险水平较高，需要尽快采取措施；当 $0.1 < HI < 1$ 时，表示风险较小，需要加大监测频率，密切关注；当 $HI < 0.1$ 时，表示风险处于可忽略水平，可以减小监测频率。

该法简单方便，但通常采用暴露量的平均值进行比较，忽略了暴露量的不确定性。

（2）基于概率分布的熵值法

实际上，污染物的浓度值 C_t 是随时间和空间变化的，而为保护水环境和人体健康而制定的该污染物的标准浓度 C_0 也会因毒理学实验结果和保护对象的不同有变化，因此，C_t 和 C_0 都具有随机性。根据两者可用数据的类型，风险评价大致可分为如图 2-3 所示四种情况。图 2-3（a）表示 C_t 和 C_0 都为固定值时的情况；图 2-3（b）表示 C_0 是固定值，C_t 服从特定分布时的情况；图 2-3（c）表示 C_t 是固定值，C_0 服从特定分布时的情况；图 2-3（d）表示 C_t 和 C_0 都服从特定分布时的情况。

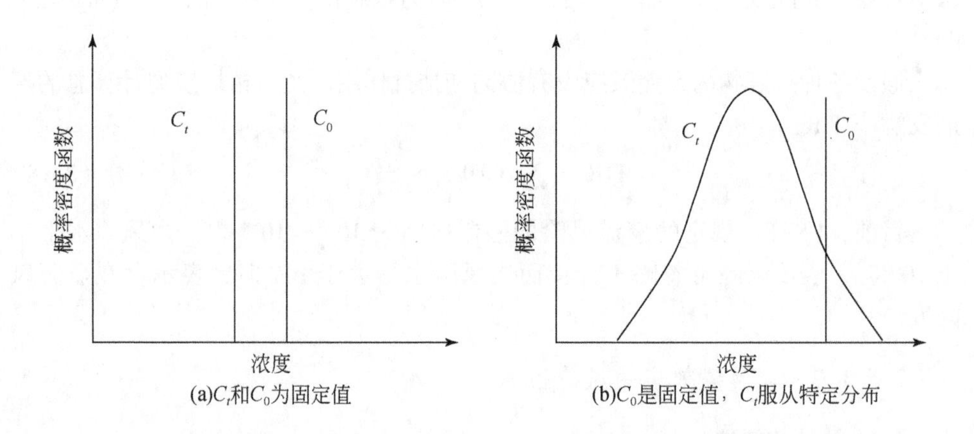

(a)C_t和C_0为固定值　　(b)C_0是固定值，C_t服从特定分布

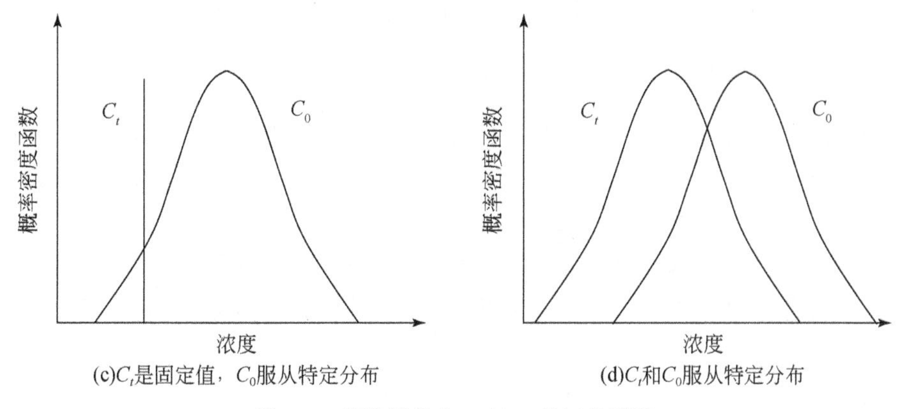

(c)C_t是固定值，C_0服从特定分布　　(d)C_t和C_0服从特定分布

图 2-3　风险评价中 C_t与 C_0的四种情况

图 2-3 中 C_t超过 C_0部分的面积可被看作是污染物的风险量度，其解释意义为该阈值相关危害发生的可能概率[40]。如果 $C(t)$ 是变量，并符合某一分布函数 $F(C)$，那么该污染物产生的风险可表示为

$$P_F = P(C(t) > C_0) \tag{2-21}$$

式（2-21）结果可用图 2-4 表示，图中大于 C_0的曲线下阴影部分面积即为污染物的风险。

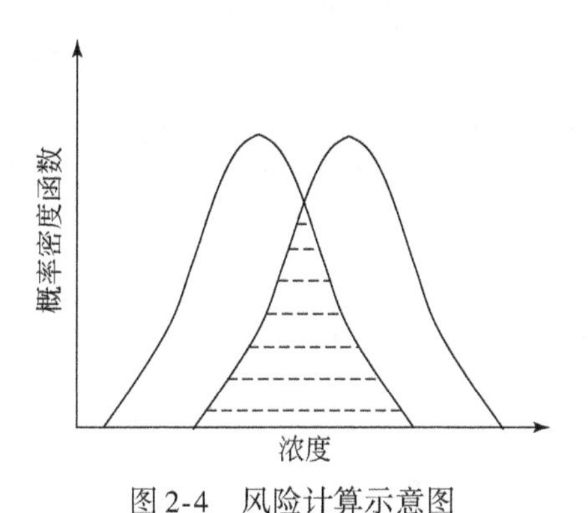

图 2-4　风险计算示意图

假设 C_0和 C_t是相互独立的且呈对数正态分布，那么有

$$\begin{aligned} P_F &= P(C_t > C_0) = P(\log C_0 - \log C_t \leqslant 0) \\ &= P[Z \leqslant (0-(\mu_0-\mu_t))/(\sigma_0{}^2+\sigma_t{}^2)^{0.5}] \\ &= \mathrm{d}Z[(\mu_0-\mu_t)/(\sigma_0{}^2+\sigma_t{}^2)^{0.5}] \end{aligned} \tag{2-22}$$

式中，(μ_0，σ_0）和（μ_t，$\sigma_t{}^2$）分别为 $\log C_0$、$\log C_t$的均值和方差；$\mathrm{d}Z$ 为标准正态累积概率分布函数，并且有

$$Z = [(\log C_0 - \log C_t) - (\mu_0 - \mu_t)] / (\sigma_0^2 + \sigma_t^2)^{0.5} \tag{2-23}$$

2.5.1.3 基于伤残调整生命年的风险估算

伤残调整生命年（DALYs）以时间作为度量单位，综合考虑了从患病到死亡所损失的全部的健康寿命年。其中，将疾病导致的生命质量的损失按照标准化的失能权重（按疾病轻重，取值范围为0～1）进行折算。因此，DALYs由两部分构成，即死亡损失生命年（years of life lost，YLLs）和伤残损失生命年（years of living with disability，YLDs）。分别计算YLLs、YLDs，并将两者相加，即可获得DALYs：

$$\text{DALYs} = \text{YLLs} + \text{YLDs} \tag{2-24}$$

$$\text{YLLs} = \sum_i d_i \times e_i^* \tag{2-25}$$

$$\text{YLDs} = \sum_i N_i \times L_i \times W_i \tag{2-26}$$

式中，i为年龄；d为死亡人数；e为标准期望寿命（年）；N为发病人数；L为发病平均持续时间（年）；W为失能权重。

为了估计DALYs，需要获得三类数据。首先，需要获得由于饮用水水质污染而受各种有害健康影响的人数。这可以通过医疗登记处调查获得，也可以进行估计。具体来讲，将归因危险度（attributable risk，AR）与有害健康影响数据相结合进行估计或通过剂量-效应关系进行估计[41]。对病原微生物，一些风险评估需要将观测数据和实验数据相结合建立预测模型，以估计原水中的微生物量、处理工艺的削减量及再生长或再污染导致增高的量，最终计算得到人群的微生物暴露量，将其与剂量-效应模型相结合即可获得影响人数[42,43]。对化学物质，可以将浓度数据、人群暴露分布及剂量-效应数据相结合估计影响人数。这个过程中，采用何种剂量-效应模型（如线性、非线性、有阈值的模型）将成为关键性的问题[44]。

其次，可以通过各种评估方法获得失能权重参数，包括视觉模拟评分法（visual analogue scale，VAS）、时间平衡技术（time trade-off technique，TTO）和人数平衡技术（person trade-off technique，PTO）[45]。BOD研究中确立了7个等级22个指示性的失能症状，采用PTO衡量从0～1（完全健康—死亡）的失能权重，建立了一百多种疾病的不同年龄、性别的失能权重[46]。计算时可以参照其他的疾病负担研究[47-49]获得该参数，因为全球疾病负担（global burden of disease，GBD）研究发现，不同地区、不同文化背景的人群对失能严重程度的评价是十分相近的。

最后，需要获得有害健康影响的持续时间，这主要通过专家咨询的方式获得，但是，也可以利用门诊数据和流行病学调查数据。在多数情况下，BOD 研究是获得失能权重和有害健康影响持续时间的重要来源。

WHO 的《饮用水水质准则》[1] 中规定，风险的参考水平定为 10^{-6} DALYs/ppy（per person year），基本等同于 10^{-5}的癌症发病率。后者用来确定遗传毒性致癌物质的准则值。有些国家使用的是更为严格的可容许致癌物质危险水平（如 10^{-6}），对这些国家来说，可容许损失将相应地也较低，如 10^{-7} DALYs/ppy。

2.5.2 不确定性分析

通过风险评价的整个过程不难看出，评价中虽然进行一些现场监测和流行病学调查，但大部分数据还是从国际上认可的数据库中收集获取。而且在风险估算中，不论利用现场资料，还是收集的资料，都需要利用大量的假设和数学模型，这些因素都会不同程度地影响评价结果对实际风险的真实反映，造成评价结果的不确定性。不确定性是指不肯定、不确知或变动的性质，风险本身就具有不确定性。不确定性首先来源于数据采集的准确性；其次是根据这些数据计算时，所采用的方法和模型不能准确地反映现实。健康风险评价过程中的不确定现象是客观存在的，本研究将存在的这种不确定性分为以下几类。

（1）客观世界（事件背景）的随机性（数据收集阶段）

使用落后仪器测量数据及测量时间和范围的不完整性都可能导致不确定性的发生。例如，不同的测量方法及人工操作的熟练程度等都会造成测量数据的不精确，直接影响计算结果。

（2）人类对客观世界认识还不完全

由于科学水平及基础研究的制约，人类对某一化学物质所带来的危害的影响范围不能做出明确的判断，对某一有害物质的评价不够全面。另外，某一化学物质的致癌作用究竟有无阈值，以及各类环境物质的接触剂量等都会对评价结果产生影响。例如，在风险评价中判断某一物质对人体健康的影响程度时，一般都会选择动物进行毒理实验来获得参考数据，并将这些参考数据应用在评价人类健康影响中。由于动物与人类在生理和免疫等系统方面存在差异，这些参考数据的利用价值会产生很大的局限性，对评价结果会有很大程度上的影响，故存在不确定性。

（3）评价模型中，模型参数选择的不适用性

在暴露评价过程中，我们所采用的各种有害物质的标准值及致癌物质 CSF 大多来自国外，由于地域、环境、饮食结构甚至人种的差异，是否适合中国人还需要进一步的论证，即这些都会对评价结果产生影响。

(4) 模型本身的不确定性

在评价过程中，为了使问题简单化，我们所选数学模型常常需要做必要的假设，但有可能这种假设大大限制了可能出现的结果，或者说预测结果对假设条件有很大的依赖性，如果假设条件不成立或部分成立，则预测结果就可能有较大的不确定性。

显而易见，健康风险评价中的不确定性问题是普遍存在的，问题的关键是我们应该正确地认识它、把握它，并尽量通过各种方法、途径减少其对评价结果的影响。一般情况下，处理健康风险评价中不确定性总的原则是：第一，尽量选择应用性较强的评价方法、数学模型；第二，尽量选择整体和局部都比较完整的数据，选择具有现实意义的模型参数。目前，国际上对不确定性进行估计和模拟比较常用的方法有蒙特卡罗法（Monte Carlo，MC）或概率分布法、马尔可夫链-蒙特卡罗法（Markov chain Monte Carlo，MCMC）和贝叶斯法（Bayesian）等，根据不确定性的来源、类型和性质选择合适的不确定性分析方法[50]。

因此，在风险表征的同时，必须对评价结果的不确定性进行分析，其目的是提供给环境管理者或决策者相对准确的信息。当然减少不确定性的关键是拥有更多的风险评价所需要的数据和资料等。

参考文献

[1] WHO. Guidelines for Drinking-water Quality-4th ed [M]. Geneva: World Health Organization, 2011.

[2] 方强，张建华. 消毒在保障饮用水微生物卫生安全中的作用 [J]. 环境与健康杂志，2008，25 (4)：353-354.

[3] 常宪平，崔宝荣，周慧霞，等. 北京市丰台农村地区成年居民日均饮水量调查 [J]. 预防医学情报杂志，2012，28 (6)：421-425.

[4] 陈忠伟，王长义，赵锦，等. 深圳市南山区居民饮水习惯调查 [J]. 中华疾病控制杂志，2011，15 (10)：891-895.

[5] 左娇蕾. 我国四城市成年居民饮水现状的研究 [D]. 北京：中国疾病预防控制中心，2011.

[6] 徐鹏，黄圣彪，王子健，等. 北京和上海市居民冬夏两季饮用水消费习惯 [J]. 生态毒理学报，2008，3 (3)：224-230.

[7] Duan X L, Wang Z S, Wang B B, et al. Drinking water-related exposure factors in a typical area of northern China [J]. Research of Environmental Sciences, 2010, 23 (9): 1217-1220.

[8] Andelman J B. Inhalation exposure in the home to volatile organic contaminants of drinking water [J]. Science of the Total Environment, 1985, 47: 443-460.

[9] Mckone T E. Human exposure to volatile organic compounds in household tap water: The indoor inhalation pathway [J]. Environmental Science and Technology, 2005, 21 (12): 1194-1201.

[10] Xu X, Mariano T M, Laskin J D, et al. Percutaneous absorption of trihalomethanes, haloacetic acids, and haloketones [J]. Toxicology and Applied Pharmacology, 2002, 184 (1): 19-26.

[11] Wan K J, Weisel C P, Lioy P J. Routes of chloroform exposure and body burden from showering with chlorinated tap water [J]. Risk Analysis, 1990, 10 (4): 575-580.

[12] Chowdhury S, Champagne P. Risk from exposure to trihalomethanes during shower: Probabilistic assessment and control [J]. Science of the Total Environment, 2009, 407 (5): 1570-1578.

[13] Chowdhury S, Rodriguez M J, Sadiq R. Disinfection byproducts in Canadian provinces: Associated cancer risks and medical expenses [J]. Journal of Hazardous Materials, 2011, 187 (1): 574-584.

[14] Xu X, Weisel C P. Human respiratory uptake of chloroform and haloketones during showering [J]. Joumal of Exposure Analysis and Environmental Epidemiology, 2005, 15 (1): 6-16.

[15] Backer L C, Ashley D L, Bonin M A, et al. Household exposures to drinking water disinfection by-products: Whole blood trihalomethane levels [J]. Joumal of Exposure Analysis and Environmental Epidemiology, 2000, 10 (4): 321-326.

[16] Cleek R L, Bunge A L. A new method for estimating dermal absorption from chemical exposure. 1: General approach [J]. Pharmaceutical Research, 1993, 10 (4): 497-506.

[17] Tan Y M, Liao K H. Reverse dosimetry: Interpreting trihalomethanes biomonitoring data using physiologically based pharmacokinetic modeling [J]. Joumal of Exposure Science and Environmental Epidemiology, 2007, 17 (7): 591-603.

[18] US EPA. Exposure Factors Handbook [M]. Washington: U. S. Environmental Protection Agency, 1997.

[19] 中国统计国家统计局. 中国年鉴 [M]. 北京: 中国统计出版社, 2004.

[20] Lee S C, Guo H, Lam S M J, et al. Multipathway risk assessment on disinfection by-products of drinking water in Hong Kong [J]. Environmental Research, 2004, 94 (1): 47-56.

[21] Little J C. Applying the two-resistance theory to contaminant volatilization in showers [J]. Environmental Science and Technology, 1992, 26 (7): 1341-1349.

[22] Gan W, Guo W, Mo J, et al. The occurrence of disinfection by-products in municipal drinking water in China's Pearl River Delta and a multipathway cancer risk assessment [J]. Science of the Total Environment, 2013, 447: 108-115.

[23] Richardson S D, Villanueva C M. What's in the pool? a comprehensive identification of disinfection by-products and assessment of mutagenicity of chlorinated and brominated swimming pool water [J]. Environmental Health Perspectives, 2010, 118 (11): 1523-1530.

[24] Dufour A P, Evans O, Behymer T D, et al. Water ingestion during swimming activities in a pool: A pilot study [J]. Journal of Water and Health, 2006, 4 (4): 425-430.

[25] Bureau Z P C S. Swimming status and development strategy in school of Zhejiang Province [EB/OL]. http: //tyj. zj. gov. cn/article/detail/2731. shtml [2014-10-20].

[26] Li Y, Guocheng H. 2007 Year Book of Health in the People's Republic of China [M].

Beijing: People's Medical Publishing House, 2007.

[27] Groten J P, Feron V J, Sühnel J. Toxicology of simple and complex mixtures [J]. Trends in Pharmacological Sciences, 2001, 22 (6): 316-322.

[28] Haas C N. Estimation of risk due to low doses of microorganisms: A comparison of alternative methodologies [J]. American Journal of Epidemiology, 1983, 118 (4): 573-582.

[29] Hassenzahl D M. Implications of excessive precision for risk comparisons: Lessons from the past four decades [J]. Risk Analysis, 2006, 26 (1): 265-276.

[30] Munro I, Krewski D R. Risk assessment and regulatory decision making [J]. Food and Cosmetics Toxicology, 1981, 19 (5): 549-560.

[31] Rice D C, Schoeny R, Mahaffey K. Methods and rationale for derivation of a reference dose for methylmercury by the US EPA [J]. Risk Analysis, 2003, 23 (1): 107-115.

[32] IRIS. Integrated Risk Information System [EB/OL]. http: //www. epa. gov/IRIS/ [2013-06-18].

[33] RAIS. The Risk Assessment Information System [EB/OL]. http: //rais. ornl. gov/ [2013-06-18].

[34] Renwick A G. Data-derived safety factors for the evaluation of food additives and environmental contaminants [J]. Food Additives and Contaminants, 1993, 10 (3): 275-305.

[35] Kimmell C A, Gaylor D W. Issues in qualitative and quantitative risk analysis for developmental toxicology [J]. Risk Analysis, 1988, 8 (1): 15-20.

[36] Guth D J, Carroll R J, Simpson D G. Categorical regression analysis of acute exposure to tetrachloroethylene [J]. Risk Analysis, 1997, 17 (3): 321-332.

[37] Renwick A G, Lazarus N R. Human variability and noncancer risk assessment-an analysis of the default uncertainty factor [J]. Regulatory Toxicology and Pharmacology, 1998, 27 (1): 3-20.

[38] 赵启宇，阚海东，Haber L，等．危险度评价最新进展 [J]．中国药理学与毒理学杂志，2004，18 (2)：152-160.

[39] Usepa. Risk Assessment Guidance for Superfund. Volume I: Human Health Evaluation Manual (Part A) [M]. Washington, DC: US Environmental Protection Agency, 1989.

[40] Wilk M B, Gnanadesikan R. Probability plotting methods for the analysis for the analysis of data [J]. Biometrika, 1968, 55 (1): 1-17.

[41] Prüss A, Corvalán C F, Pastides H, et al. Methodologic considerations in estimating burden of disease from environmental risk factors at national and global levels [J]. Internatian Journal of Occupational and Environmental Health, 2001, 7 (1): 58-67.

[42] An W, Zhang D, Xiao S, et al. Risk assessment of Giardia in rivers of southern China based on continuous monitoring [J]. Journal of Environmental Sciences, 2012, 24 (2): 309-313.

[43] Xiao S, An W, Chen Z, et al. The burden of drinking water-associated cryptosporidiosis in China: The large contribution of the immunodeficient population identified by quantitative microbial risk assessment [J]. Water Research, 2012, 46 (13): 4272-4280.

[44] Havelaar A H, Melse J M. Quantifying public health risk in the WHO Guidelines for Drinking-water Quality: A burden of disease approach [R]. Rijksinstituut voor VolRsgezondheid en Milieu, 2003.

[45] Schwarzinger M, Stouthard M E, Burström K, et al. Cross- national agreement on disability weights: The European disability weights project [J]. Population Health Metrics, 2003, 1 (1): 9.

[46] Murray C J, Lopez A D. Regional patterns of disability- free life expectancy and disability-adjusted life expectancy: Global burden of disease study [J]. Lancet, 1997, 349 (9062): 1347-1352.

[47] Brennan D S, Spencer A J. Disability weights for the burden of oral disease in South Australia [J]. Popul. Population Health Metrics, 2004, 2 (1): 7.

[48] Stouthard M E A, Essink-Bot M L, Bonsel G J, et al. Disability Weights for Diseases in the Netherlands [R]. Tijdschrift voor Gerontologie en Geriatrie, 1997.

[49] Public Health Group. Victorian Burden of Disease Study: Mortality and Morbidity in 2001 [M]. Melbourne: Department of Human Services, 2005.

[50] 张应华, 刘志全, 李广贺, 等. 基于不确定性分析的健康环境风险评价 [J]. 环境科学, 2007, 28 (7): 1409-1415.

第3章 饮用水隐孢子虫健康风险评估

3.1 病原微生物隐孢子虫研究现状

3.1.1 隐孢子虫的种类与来源

隐孢子虫（*Cryptosporidium*）是寄生于人和其他多种动物胃肠道的一类致病性原虫，最早于1907年由捷克著名寄生虫学家Tyzzer在实验小鼠胃液腺内发现并命名。目前，隐孢子虫的分类地位基本明确，属于原生动物亚界（Subkingdom Protozoa）、顶复合器门（Apicomplex）、孢子虫纲（Sporozoa）、真球虫目（Eucoccidida）、艾美耳球虫亚目（Eimeria）、隐孢子虫科（Cryptosporidiidae）、隐孢子虫属（*Cryptosporidium*）。但是，隐孢子虫种间分类很复杂，尚缺乏统一的分类标准。常用的分类方法主要有传统分类法和分子分类法。前者主要以卵囊的形态特征、动物交叉传播实验及宿主特异性为分类依据，后者则根据隐孢子虫基因片段特征或核苷酸序列的差异来确定虫种和基因型。

现已报道的隐孢子虫约有40种，但根据《国际动物命名规则》（*International Code of Zoological Nomenclature*），很多被认为是无效命名。截至目前，已经被确认的有效种只有21个[1,2]，分别为寄生于哺乳动物的*Cryptosporidium andersoni*、*C. bovis*、*C. canis*、*C. fayeri*、*C. felis*、*C. hominis*、*C. macropodum*、*C. muris*、*C. parvum*、*C. ryanae*、*C. suis*、*C. wrairi*、*C. xiaoi*，寄生于鸟类的*C. baileyi*、*C. galli*、*C. meleagridis*，寄生于爬行类的*C. fragile*、*C. serpentis*、*C. varanii*和寄生于鱼类的*C. molnari*、*C. scophthalm*（表3-1）。除了上述已被确认的有效种外，另有超过44种具有不同分子特征的隐孢子虫基因型尚未确定分类地位[1]。在上述隐孢子虫大家族中，已发现能感染人的有*C. hominis*、*C. parvum*、*C. meleagridis*、*C. felis*、*C. canis*、*C. suis*、*C. muris*和*C. andersoni* 8个种及cervine、monkey、skunk、rabbit、horse和chipmunk 6个基因型，而经饮用水导致集体感染的主要为人隐孢子虫（*Cryptosporidium hominis*）和微小隐孢子虫（*C. parvum*）两种类型。前者宿主特异性强，主要寄生于灵长类动物（人、猴）；后者宿主特异性弱，广泛寄生于各种动物体内，是一种能够人畜共患病的寄生

虫，其危险性也相对更高。其他一些宿主特异性较强的隐孢子虫，尽管其对人体健康造成的风险要小很多，但仍不可忽视，特别是对免疫缺陷者，如人类免疫缺陷病毒（human immunodeficiency virus，HIV）阳性患者[3]。

表 3-1　隐孢子虫已发现有效种的基本生物学特征

隐孢子虫种名	卵囊大小（μm）	主要宿主类型	主要寄生部位	参考文献
Cryptospori dium andersoni	5.5×7.4	牛（*Bos taurus*）	胃（皱胃）	[4]
C. baileyi	4.6×6.2	原鸡（*Gallus gallus*）	肠道	[5]
C. bovis	(4.7～5.3)×(4.2～4.8)	牛（*Bos taurus*）	尚不清楚	[6]
C. canis	4.95×4.71	犬（*Canis familiaris*）	肠道	[7]
C. fayeri	(4.5～5.1)×(3.8～5.0)	袋鼠（*Macropus rufus*）	尚不清楚	[8]
C. felis	4.5×5.0	猫（*Felis catus*）	肠道	[9]
C. fragile	(5.5～7.0)×(5.0～6.5)	黑眶蟾蜍（*Duttaphrynus melanostictus*）	胃	[2]
C. galli	8.25×6.3	原鸡（*Gallus gallus*）	胃（前胃）	[10]
C. hominis	4.5×5.5	人（*Homo sapiens*）	肠道	[11]
C. macropodum	(4.5～6.0)×(5.0～6.0)	袋鼠（*Macropus giganteus*）	尚不清楚	[12]
C. meleagridis	(4.5～6.0)×(4.6～5.2)	火鸡（*Meleagris gallopavo*）	肠道	[13]
C. molnari	4.7×4.5	海鲷（*Sparus aurata*） 欧洲鲈鱼（*Dicentrarchus labrax*）	胃	[14]
C. muris	5.6×7.4	小鼠（*Mus musculus*）	胃	[15]
C. parvum	4.5×5.5	小鼠（*Mus musculus*）	肠道	[16]
C. ryanae	(2.94～4.41)×(2.94～3.68)	牛（*Bos taurus*）	尚不清楚	[17]
C. scophthalmi	(3.7～5.0)×(3.0～4.7)	大菱鲆（*Scophthalmus maximus*）	肠道	[18]
C. serpentis	(5.6～6.6)×(4.8～5.6)	蛇类（*Elapheguttata*）	胃	[19]
C. suis	(4.9～4.4)×(4.0～4.3)	猪（*Sus scrofa*）	肠道	[20]
C. varanii	(4.2～5.2)×(4.4～5.6)	绿树蜥（*Varanus prasinus*）	胃	[21]
C. wrairi	(4.6～5.4)×(4.8～5.6)	豚鼠（*Caviaporcellus*）	肠道	[22]
C. xiaoi	(2.94～4.41)×(2.94～4.41)	绵羊（*Ovisaries*）	肠道	[23]

隐孢子虫属于肠道病原微生物范畴，其感染途径为经口传播。在宿主体内，其主要形态为滋养体，经过不同的发育阶段，最终以卵囊的形态随粪便排出体外，经污染的水源或食物再次感染其他宿主（图 3-1）。流行病学调查显示，饮用水被卵囊污染是造成隐孢子虫病流行和暴发的主要因素。在农村，粪便处理不当、用人粪及家畜粪施肥便是污染水源的重要因素。在城市，由于隐孢子虫卵囊

难以被去除，处理后的城市污水也是地表水中隐孢子虫污染的重要来源。

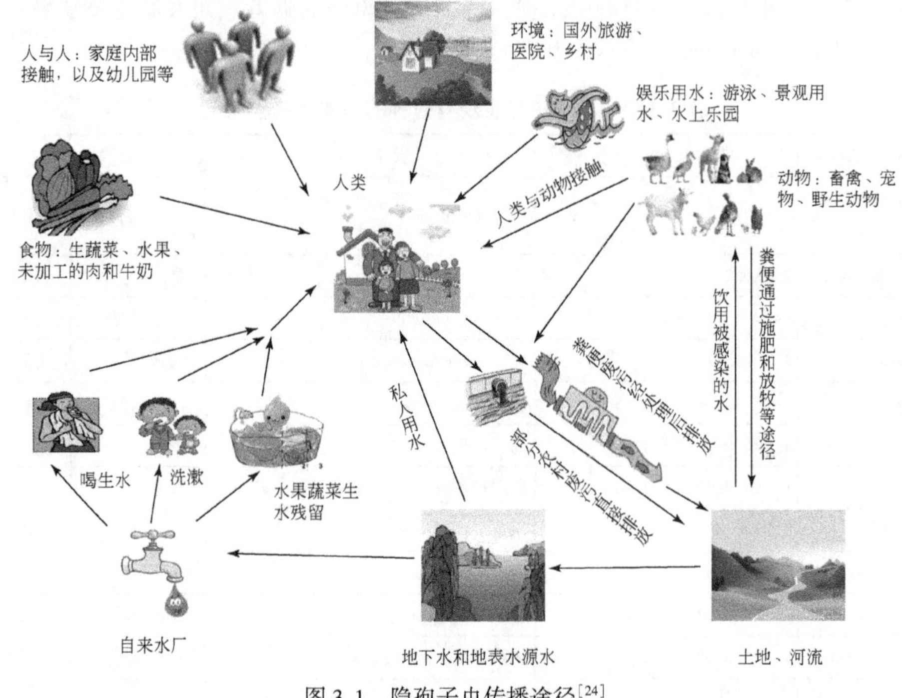

图 3-1 隐孢子虫传播途径[24]

3.1.2 隐孢子虫危害

隐孢子虫为世界范围内分布的原生动物，每年感染人数有 2.5 亿～5.0 亿。人或动物经水源性或食源性感染隐孢子虫后，主要症状为腹痛、腹泻、腹胀、呕吐、发热和厌食等，典型病人表现为以腹泻为主的吸收不良综合征，腹泻呈水样粪便，量大、恶臭、无脓血。儿童患者可由于腹泻，引起贫血等营养不良，导致生长滞缓。AIDS 等免疫缺陷者，表现为持续性难以控制的腹泻[25]，若不及时对症治疗，有 70% 的患者可能会因此脱水而死亡[26]。

尽管隐孢子虫早在 1907 年就被发现，但在很长一段时间没有引起人们的注意，直至 1976 年报道了第一例人的隐孢子虫病，有关此病的报道才越来越多。近些年来，隐孢子虫通过污染水体在世界范围内发生过数百次水源性暴发感染，使得隐孢子虫问题在环境领域特别是给排水行业得到了高度的重视。

研究表明，水源性原虫病在全球范围内至少有 325 次暴发流行，绝大部分发生于经济发达的北美洲和欧洲，可能与这些发达国家完善的疾病监测和上报系统有关。在这些水源性疾病中，致病病原从高到低分别为隐孢子虫、贾第鞭毛虫、阿米巴原虫和环孢子虫，还有少部分由其他原虫引起。其中，隐孢子虫和贾第鞭毛虫所占比例分别约为 50. 8%（165/325）和 40. 6%（132/325）[27]。最为严重的一次发生于 1993 年，由于自来水被隐孢子虫卵囊污染，美国威斯康星州密尔沃基市暴发了隐孢子虫病，造成 161 万人口的城市中有 40. 3 万人被感染[28]。

在国外，由于饮用水污染造成的隐孢子虫病暴发流行，屡见不鲜。2004 年 8 月底至 9 月初，日本长野市北部地区某酒店暴发了水源性隐孢子虫病，仅 8 月 30 日这一天就有 288 个患者出现水样腹泻、呕吐和腹痛等消化道症状。综合流行病学调查、环境调查和实验室检测的结果，证实该次暴发中绝大部分患者是由于在污染的游泳池里游泳而被感染，部分患者因饮用自来水冲泡的自制饮料而被感染[29]。2005 年，土耳其西部的伊兹密尔市暴发了隐孢子虫病，并伴有环孢子虫感染，经过流行病学调查证实，由于受暴雨的影响，该市饮用水供应系统被下水道污水或动物粪便污染从而造成该次事件[30]。

Reynolds 等[31]对美国 1971 ~2002 年暴发的水源性疾病进行了系统研究，以评价这类疾病在未来暴发的风险。研究结果表明，在病原方面，除了未知原因的急性胃肠炎外，原虫是最主要的致病因子（占 19%，在最后的 12 年中上升为 21%），其次才是细菌、化学物质和病毒；在感染人群方面，65 岁以上老年人和 5 岁以下儿童最容易感染，约占 57. 8%，其次为糖尿病、癌症患者及孕妇和艾滋病患者；在水源污染类型方面，因地下水被污染而暴发的次数约占 76%，因地表水被污染而暴发的次数约占 18%，但由于后者多为公众供水水源，暴发感染病例数多，占全部水源性疾病病例的 96%；在饮用水方面，因水处理技术缺陷出厂水仍被污染的约占 32%，供水过程中污染的约占 23%。

我国于 1987 年在南京市区首次发现了隐孢子虫病例，随后在徐州市、安徽省、内蒙古自治区、福建省、山东省和湖南省等省市均报道发现了病例。湖南省的资料显示，门诊腹泻患者感染率达 3. 84%，且雨季为高发季节；青海省调查的牧民中感染率高达 4. 63%，推测可能与人畜共用相同的水源有关；云南省的资料显示，部分地区学龄前儿童感染率达 8. 51%，中小学生感染率达 6. 25%，这与当地少数民族饮用生水的习惯密切相关。

3. 2 原水中隐孢子虫污染分布情况

3. 2. 1 隐孢子虫检出情况

对我国 33 个重点城市的 66 份水样检测发现，22 份水样（33. 3%）呈现隐孢子虫阳性，卵囊浓度范围为 1 ~ 6 个/10L；18 份水样（27.3%）呈现贾第鞭毛虫阳性，胞囊浓度范围为 1 ~ 5 个/10L。综合起来，“两虫”阳性（即隐孢子虫阳性或贾第鞭毛虫阳性）样品为 32 份，占 48.5%（表 3-2）。

表 3-2　不同地区城市自来水厂原水中隐孢子虫抽样调查结果

区域	自来水厂数（座）	阳性自来水厂座数			城市数（座）	阳性城市座数		
		隐孢子虫	贾第鞭毛虫	“两虫”*		隐孢子虫	贾第鞭毛虫	“两虫”*
东北	8	3（37.5%）	3（37.5%）	5（62.5%）	4	3（75.0%）	2（50.0%）	3（75.0%）
华北	14	4（28.6%）	2（14.3%）	5（35.7%）	8	3（37.5%）	2（25.0%）	4（50.0%）
西北	4	4（100.0%）	3（75.0%）	4（100.0%）	3	3（100.0%）	3（100.0%）	3（100.0%）
西南	14	0（0.0%）	1（7.1%）	1（7.1%）	5	0（0.0%）	1（20.0%）	1（20.0%）
华南	6	1（16.7%）	2（33.3%）	3（50.0%）	3	1（33.3%）	1（33.3%）	2（66.7%）
华东	20	10（50.0%）	7（35.0%）	14（70.0%）	10	7（70.0%）	6（60.0%）	10（100.0%）
合计	66	22（33.3%）	18（27.3%）	32（48.5%）	33	17（51.5%）	15（45.5%）	23（69.7%）

注：括号中数据对应表示阳性自来水厂座数、阳性城市座数所占比例；* “两虫”，即隐孢子虫或贾第鞭毛虫。

研究表明，以地表水为水源的饮用水原水被“两虫”污染问题较为普遍。日本自来水厂原水中贾第鞭毛虫阳性率为 92%，胞囊浓度平均为 17 个/100 L，隐孢子虫阳性率为 100%，卵囊浓度平均为 40 个/100 L[32]。美国 9.1% ~100% 的地表水中含有隐孢子虫，浓度在 0.003 ~ 1920 个/L[33]。泰国一项调查发现，地表水中隐孢子虫和贾第鞭毛虫的阳性率分别为 12.7% 和 7.6%[34]。巴西水源水贾第鞭毛虫和隐孢子虫的检出率分别为 46.1% 和 7.6%，其胞囊浓度、卵囊浓度分别为 0 ~ 3.4 个/L、0 ~ 0.1 个/L[35]。而我国南方一项调查结果显示，75% 村镇一级自来水厂原水检出贾第鞭毛虫，12.5% 检出隐孢子虫[36]；上海黄浦江下游水中也能检出“两虫”[37]。

3.2.2 隐孢子虫分布特点

从调查采样城市来看，所调查的 33 座城市水源水中检出“两虫”的有 23 座，占 69.7%。其中，“两虫”同时检出的城市有 9 座，仅有隐孢子虫或贾第鞭毛虫检出的城市分别为 8 座、6 座（表 3-2）。按不同区域来分，西北地区、华东地区和东北地区的水源水“两虫”无论按城市还是按水厂的检出率均高于其他地区，而西南地区 5 座城市的 14 份原水中只有 1 份检出有贾第鞭毛虫，为“两虫”检出率最低的地区（表 3-2）。按不同供水量对自来水厂“两虫”检出情况进行的分析发现，供水量大于 50 万 t/d 的 13 座自来水厂中有 11 座检出了隐孢子虫或贾第鞭毛虫，“两虫”阳性率高达 84.6%（表 3-3），应该引起足够的重视。研究表明，“两虫”污染主要与畜牧业规模大小及人类活动有密切联系。一般来说，人口密度越大或畜禽养殖业规模越大的地区，其环境水样中检出“两虫”的可能性就越大[33]。在本次调查中，西北地区畜牧业较为发达，且大多为粗放型养殖，“两虫”容易随粪便直接污染水源；而华东地区具有发达的集约化养殖业，但人口密集，同样容易造成“两虫”污染。这些都是造成西北地区和华东地区“两虫”检出率比其他地区高的重要因素。

表 3-3 不同供水规模自来水厂原水“两虫”调查结果

供水规模	自来水厂数（座）	阳性自来水厂座数		
		隐孢子虫	贾第鞭毛虫	“两虫”*
50 万 t/d 以上	13	7（53.8%）	6（46.2%）	11（84.6%）
21 万～50 万 t/d	26	9（34.6%）	7（26.9%）	12（46.2%）
11 万～20 万 t/d	11	2（18.2%）	3（27.3%）	4（36.4%）
5 万～10 万 t/d	6	3（50.0%）	1（16.7%）	4（66.7%）
小于 5 万 t/d	3	1（33.3%）	1（33.3%）	1（33.3%）
合计	59	22（37.3%）	18（30.5%）	32（54.2%）

注：括号中数据表示阳性自来水厂座数所占比例；*“两虫”，即隐孢子虫或贾第鞭毛虫。

按照水源类型，河流型水源水“两虫”检出率为 50%（21/42），其中，隐孢子虫检出率为 31.0%（13/42），贾第鞭毛虫检出率为 33.3%（14/42），“两虫”同时检出率为 14.3%（6/42）；湖库型水源水“两虫”检出率为 45.8%（11/24），其中，隐孢子虫检出率为 37.5%（9/24），贾第虫检出率为 16.7%（4/24），“两虫”同时检出率为 8.3%（2/24）。湖库型水源被化学物质污染程度通常较河流型水源的污染程度要轻，但对“两虫”污染来说，不同的调查显示出不同的结果。西班牙北部一项持续30个月的调查发现，河水中隐孢子虫和贾第鞭毛虫的检出率分别为63.5%和92.3%，湖库水中隐孢子虫和贾第鞭毛虫的检出率分别为33.3%和55.5%[38]。与此相反，芬兰西南部7个湖泊和15条河流持续一年的病原监测结果显示，“两虫”检出率在湖库水高于河流水：湖泊水中隐孢子虫检出率为11.4%（4/35），贾第鞭毛虫检出率为14.3%（5/35）；而河水中隐孢子虫检出率为9.6%（10/104），贾第鞭毛虫检出率为13.5%（14/104）[39]。本研究中，隐孢子虫检出率在河流型水源比湖库型水源低，但贾第鞭毛虫检出率在河流型水源高于湖库型水源。这可能与湖库型水源除了被人类活动造成的污染外，还容易被野生动物来源的“两虫”所污染有关[33]。

3.3 隐孢子虫暴露评估

3.3.1 原水中隐孢子虫浓度

原水中隐孢子虫暴露水平数据来自抽样调查数据。数据所涉及的自来水厂分布于中国七大流域（松花江流域、辽河流域、海河流域、黄河流域、淮河流域、长江流域和珠江流域），覆盖了全国主要省会城市，具有一定的代表性。从结果来看，66座自来水厂的原水中，22座检出隐孢子虫，平均卵囊浓度为0.70个/10L。

在进行风险评价时，通常需要对检测获得的原始数据进行统计学分析，采用概率分布函数进行数据拟合。对病原微生物，常用的概率分布有泊松分布、负二项分布、指数分布、正态分布、对数正态分布、韦伯分布、伽马分布和贝塔分布等。An等[40]在评价饮用水风险时采用指数分布对原水中隐孢子虫监测数据进行拟合。Teunis等[41]对某水库隐孢子虫的监测数据进行拟合，认为负二项分布对数据拟合最好。Havelaar等[42]在另一项研究中使用对数正态分布进行拟合，其好处是可以简化后续暴露评估（如去除效率）的计算。Teunis等[43]认为，监测过程中观察到的数据遵循泊松分布，而检测样品间的浓度变化遵循贝塔分布，综合起来，样品中“两虫”的实际浓度则呈负二项分布。这一假设得到许多学者的认同，在其研究中也采用了负二项分布对“两虫”监测数据进行拟合[44,45]。在暴露评估过程中，暴露模型的选择依赖于拟合度，通常选择与原始数据拟合度高的模型。

本研究采用@Risk 5.5软件（Palisade公司产品）对调查获得的“两虫”原始数据进行拟合。拟合的概率分布包括上述提到的8种常用分布。采用χ^2检测评价标准得出拟合成负二项分布时χ^2值最小，接受为最佳分布（图3-2）。

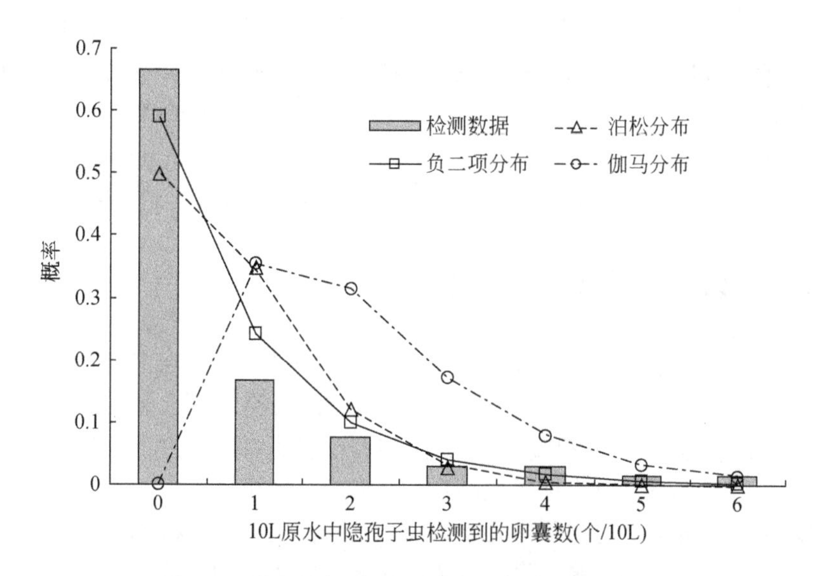

图 3-2　原水中隐孢子虫检测数据概率分布及拟合

考虑到“两虫”检查方法回收率一般不是很高，而且不同样品的回收率差异也较大，检测到的“两虫”浓度都要低于真实浓度。因此，在评价“两虫”健康风险时，对检测浓度都要通过回收率进行校正。最准确的方法是在样品检测过程中，每份样品都加入事先特殊标识的“两虫”内参（如 ColorSeed 产品），镜检时加以区别，以获得每份样品的回收率。在风险评价时，先对每份样品按各自的回收率进行校正，然后再进行数据拟合[44]。这类特殊标识的“两虫”内参价格昂贵，检测时对显微镜的配置也有特殊要求，限制了其在实际中的应用。因此，最常用的做法是对部分样品进行加标，然后按照其回收率进行校正。若样本加标回收率数据也没有的话，则可使用在方法验证时获得的初始回收率进行校正[33]。

校正时计算回收率的最简单方法是直接利用其平均值，然而，其不能反映出不同样品回收率的差异。为使评价结果更加科学和准确，可以采用统计学的分布函数来表征回收率。Teunis 等[41]认为样品中每一个卵囊或胞囊被检测到的概率 p 不是一个固定值，而是呈贝塔分布。使用这一方法，对 12 个实验室获得的隐孢子虫回收率数据进行贝塔分布拟合，在参数 $\alpha=2.65$，$\beta=3.64$ 时拟合效果最佳，回收率的平均值为 0.41 [45]。由于本研究中隐孢子虫的回收率（41.25%）与上述均值一致，故隐孢子虫回收率直接采纳为贝塔分布（2.65，3.64）。参照此方法，贾第鞭毛虫回收率拟合为贝塔分布（0.87，1.41），均值为 0.38。原水中“两虫”的真实浓度与检测浓度、回收率的关系可用下式表示[45,46]：

$$O_r = O_o + \text{negbin}(O_o + 1, R_r) \tag{3-1}$$

式中，O_r为10 L原水中“两虫”卵囊或胞囊的实际个数；O_o为10 L原水中“两虫”卵囊或胞囊检测到的个数；R_r为“两虫”回收率；negbin（s，p）为负二项分布函数，表示成功概率为p时，获得第s次成功之前失败的次数。

为减少分析过程中的变异性（variability）和不确定性（uncertainty），本研究采用MCMC法对式（3-1）中各参数进行重采样（resampling，10 000次）[41]。

3.3.2 水处理工艺去除/灭活效率

水处理工艺通常包括预处理（粗格栅及细格栅等）、常规工艺（絮凝/混凝、沉淀、过滤）和消毒（氯消毒、紫外）等步骤。研究表明，预处理对“两虫”几乎没有去除效果[33]。由絮凝/混凝、沉淀和双层滤料滤池过滤等组成的常规水处理工艺运行正常时，对隐孢子虫的对数去除率一般可达2～2.5 logs，但氯消毒在通常采用的浓度下对隐孢子虫几乎没有灭活作用[33]。其他水处理技术如微膜过滤可以提高2.3～3.5 logs的去除率，臭氧氧化在温度为20～25℃时，4.5 mg/L浓度下对卵囊的灭活可达2.0 logs[47]。

隐孢子虫的去除/灭活效率受很多因素的影响。例如，混凝效果、滤池过滤速度、滤料颗粒大小、滤池深度、水温和原水水质等都是直接影响去除/灭活“两虫”的因素。Dugan等[48]在研究原水水质、混凝剂种类、过滤速度和滤层组成等因素对常规水处理工艺去除隐孢子虫的影响时发现，在混凝效果达到最佳时，沉淀池对卵囊的去除率平均可达到1.3 logs，滤池对卵囊的去除率平均可达到3.7 logs；在混凝效果不佳时，沉淀池对卵囊的平均去除率只有0.2 logs，滤池对卵囊的平均去除率小于1.5 logs。而且，混凝效果不佳还严重影响后续的消毒效果[47]。Hunter等[49]认为，自来水厂处理过程中的不稳定性是导致病原微生物健康风险最主要的原因之一。

Cummins等[46]则提出使用概率分布函数来描述水处理过程中的变异性和不确定性。假定絮凝/混凝过程处于稳定状态的概率为99%，处于亚稳定状态或失效的概率各为0.5%，因此，絮凝/混凝的运行状态可以用一个离散分布函数表示。类似的，过滤的运行状态也可以用离散分布函数表示，其去除效率则同时还受絮凝/混凝效果的影响。只有在絮凝/混凝和过滤都处于正常状态时，过滤的去除效率才算处于稳定状态，否则处于非稳定状态（表3-4）。

经过自来水厂水处理工艺后，出厂水中“两虫”的浓度可以通过下式计算获得：

$$O_{dw} = O_r \times 10^{-S} \times (1 - DR_{Frd}) \times 10^{-DR} \tag{3-2}$$

式中，O_{dw}为10 L饮用水中“两虫”卵囊或胞囊个数；O_r为10 L原水中“两虫”

表 3-4　隐孢子虫感染健康风险评价使用的各变量及其概率分布

变量		符号	均值	概率分布	参考文献
原水	原水中检测到卵囊浓度（个/10L）	O_o	0.70	Negbin（1，0.59）	
	回收率	R_r	0.42	Beta（2.65，3.64）	[45]
水处理技术去除/灭活效率	絮凝/混凝各状态比例	C_{opt} C_{sub} C_{fail}	0.99 0.005 0.005	fixed value	
	絮凝/混凝运行状态	C_r		discrete［（opt，subopt，fail），（copt，csub，cfail）］	
	沉淀去除率（logs）	S	1.17	Triang（0.5，1.0，2.0）	[46]
	过滤各状态比例	F_{opt} F_{sub}	0.96 0.04	Uniform（0.95，0.97） 1 ~ fopt	[46]
	过滤运行状态	F_r		discrete［（stable，unstable），（fopt，fsub）］	
	过滤去除效率（%）	DR_{Frd}		$1-10^{f(C_r, F_r)}$　$C_{opt}+F_{opt}$ $C_{opt}+F_{sub}$ $C_{sub}+F_{opt}$ $C_{sub}+F_{sub}$ $C_{fail}+F_{opt}$ $C_{fail}+F_{sub}$	
	氯消毒灭活效率（logs）	DR	0	fixed value	[33]
	臭氧灭活效率（logs）	DR	2.42	Gamma（2.0352，1.1909）	[46]

续表

变量			符号	均值	概率分布	参考文献
饮用水摄入量	日饮用水量（L）		V_{dw}	2.72	Lognormal（2.72，2.44）	[50]
	喝生水人群的比例（%）		P_{duw}	5.65	Uniform（0.6，10.7）	[51]
	每日摄入残留水量（L）		V_r	0.039	Uniform（0.007，0.071）	[40]
发病情况	剂量-效应关系常量参数	免疫正常人群（不具抗隐孢子虫抗体）	P_m	1	fixed value	[40]
		免疫正常人群（具有抗隐孢子虫抗体）	P_m	0.124	$e^{-d}+\frac{e^{a+bx-c}}{1+e^{a+bx}}$	[40，52]
		具有抗隐孢子虫抗体人群比例	x	0.64	Normal（0.64，0.28）	[53]
		针对免疫缺陷人群的指数模型	r	0.354	fixed value	[45]
	感染后发病概率	免疫正常人群	$P_{Ill\mid Inf}$	0.71	Beta（20，8）	[54]
		免疫缺陷人群	$P_{Ill\mid Inf}$	1	fixed value	[45]
	病死率	免疫正常人群	CFR	0.000 01	Beta（1，99 999）	[54]
		HIV 阳性患者	CFR	0.03	Beta（3，97）	[55]
		AIDS 病人	CFR	0.7	Beta（7，3）	[26]

卵囊或胞囊的实际个数；S 为沉淀过程的对数去除率；DR_{Frd} 为过滤的去除效率；DR 为消毒过程的对数灭活效率。

为了获得估算的不确定性，基于现场调查数据，通过@ Risk 软件提供的蒙特卡罗法进行 10 000 次重采样，使用式（3-1）和式（3-2）推算出具有活性的隐孢子虫浓度：在常规水处理工艺时为 1.63×10^{-3}/L（95% 置信限：1.1×10^{-1}/L），采用臭氧消毒时为 9.7×10^{-5}/L（95% 置信限：6.6×10^{-4}/L），微膜过滤处理时为 5.7×10^{-5}/L（95% 置信限：3.5×10^{-4}/L）。

3.3.3 暴露剂量的确定

“两虫”必须经口进入体内才有可能感染宿主。因此，在饮用水中“两虫”浓度确定的情况下，每天的饮用水量是决定暴露剂量的关键因素。在以往的风险评价中，多数研究者采用默认的人均饮水量为 2L/d[33,56]。Duan 等[50]对我国不同人群饮水量进行了调查，结果表明，全人群平均日饮用水量为 2.72L/d（表 3-5），但在不同年龄段、不同性别人群存在差异。通过对数正态分布函数 Lognormal（mean，sd），可以很好地表达这一差异[57]。

表 3-5　中国居民的总饮用水量[50]

被调查者	数值类型	不同年龄段人群的日平均饮用水量（mL/d）					
		0～5 岁	6～17 岁	18～44 岁	45～60 岁	60 岁以上	全年龄组
男性（n=1178）	平均值	1 079.7	2 105.3	3 261.7	3 508.9	2 941.8	2 852.8
	标准偏差	678.2	894.7	1 537.0	1 437.4	1 241.4	2 490.9
	中位值	987.9	1 957.4	2 656.8	3 250.1	2 836.7	1 493.0
	最大值	3 559.9	5 849.8	10 176.5	8 975.1	6 925.5	10 176.5
	最小值	48.0	320.8	412.8	1 407.3	106.9	48.0
女性（n=1152）	平均值	1 010.5	2 042.4	2 951.2	3 096.0	2 385.1	2 586.4
	标准偏差	485.5	883.2	1 222.3	1 168.2	930.5	2 400.8
	中位值	985.7	1 917.4	2 591.3	2 906.2	2 258.9	1 226.9
	最大值	2 209.8	5 372.2	7 050.4	7 487.0	5 649.6	7 487.0
	最小值	50.0	406.6	45.0	509.7	100.0	45.0
全体（n=2330）	平均值	1 045.7	2 074.6	3 108.5	3 293.6	2 668.0	2 720.5
	标准偏差	987.9	1 947.8	2 628.0	3 057.3	2 535.4	2 438.9
	中位值	590.7	888.8	1 398.6	1 318.6	1 132.2	1 373.5
	最大值	3 559.9	5 849.8	10 176.5	8 975.1	6 925.5	10 176.5
	最小值	48.0	320.8	45.0	509.7	100.0	45.0

“两虫”对温度比较敏感，60℃以上可以很快失去感染性。因此，在“两虫”暴露评估中只能计算喝生水的量。调查表明，我国北京市居民中有喝生水习惯的比例为5.3%～10.7%，上海市这一比例为0.6%～1.2%[51]。据此，本研究假定喝生水人群的比例服从均一分布函数，最小值为0.6%，最大值为10.7%。近年来，An等[40]研究认为，通过刷牙、洗碗、洗菜残留的自来水是感染“两虫”的另一重要暴露途径，每人每天可摄入0.007～0.071 L的生水。本研究中将考虑上述2种不同的暴露途径。

暴露剂量与饮用水中“两虫”浓度和饮水量的关系可用下式表示：

$$N_{\mathrm{Daily}}=\frac{O_{\mathrm{dw}}}{10}\times V \tag{3-3}$$

式中，N_{Daily}为每天摄入“两虫”卵囊或胞囊的数量；O_{dw}为10L饮用水中“两虫”卵囊或胞囊个数；V为经不同途径摄入的生水量（L）。

3.3.4 暴露人群结构

如前所述，不同年龄段的人群的日饮用水量有所不同。而且，相同的“两虫”暴露剂量下，免疫完全的人群和免疫缺陷的人群在感染率、发病率和死亡率等方面都所有差异。因此，对暴露人群的结构分析是准确评价“两虫”健康风险不可缺少的一个步骤。根据相关统计数据[58-60]，中国HIV阳性患者大约有74万，约占总人口的0.056%。性别方面以男性为主，约占71.3%；年龄以15～44岁为主，约占总数的82%（表3-6）。

表3-6 中国人群结构及日饮用水量

年龄（岁）	人口数量（万人）[59]		HIV阳性患者比例[58,60]		日饮用水量（L/d）	
	男性	女性	男性	女性	残留摄入[40]	直接饮用[50]
<1	940	763	8.86×10^{-5}	4.36×10^{-5}	0.007～0.071	1.046±0.988
1～4	2 820	2 288	8.86×10^{-5}	4.36×10^{-5}	0.007～0.071	1.046±0.988
5～9	3 981	3 279	8.86×10^{-5}	4.36×10^{-5}	0.007～0.071	2.075±1.948
10～14	4 798	4 139	1.53×10^{-4}	7.06×10^{-5}	0.007～0.071	2.075±1.948
15～19	5 574	4 885	1.53×10^{-4}	7.06×10^{-5}	0.007～0.071	2.075±1.948
20～24	4 510	4 609	2.01×10^{-3}	7.86×10^{-4}	0.007～0.071	3.109±2.628
25～29	4 227	4 388	2.01×10^{-3}	7.86×10^{-4}	0.007～0.071	3.109±2.628
30～34	4 580	4 667	1.95×10^{-3}	7.70×10^{-4}	0.007～0.071	3.109±2.628
35～39	6 091	6 231	1.95×10^{-3}	7.70×10^{-4}	0.007～0.071	3.109±2.628

续表

年龄（岁）	人口数量（万人）[59]		HIV 阳性患者比例[58,60]		日饮用水量（L/d）	
	男性	女性	男性	女性	残留摄入[40]	直接饮用[50]
40～44	6 385	6 434	6.40×10^{-4}	2.55×10^{-4}	0.007～0.071	3.109±2.628
45～49	4 742	4 807	6.40×10^{-4}	2.55×10^{-4}	0.007～0.071	3.294±3.057
50～54	5 219	5 149	2.84×10^{-4}	1.17×10^{-4}	0.007～0.071	3.294±3.057
55～59	4 430	4 313	2.84×10^{-4}	1.17×10^{-4}	0.007～0.071	3.294±3.057
60～64	3 019	2 923	2.42×10^{-4}	9.43×10^{-5}	0.007～0.071	2.668±2.535
65～69	2 235	2 183	2.42×10^{-4}	9.43×10^{-5}	0.007～0.071	2.668±2.535
70～74	1 867	1 888	2.42×10^{-4}	9.43×10^{-5}	0.007～0.071	2.668±2.535
75～79	1 189	1 290	2.42×10^{-4}	9.43×10^{-5}	0.007～0.071	2.668±2.535
80～84	586	732	2.42×10^{-4}	9.43×10^{-5}	0.007～0.071	2.668±2.535
85～89	213	326	2.42×10^{-4}	9.43×10^{-5}	0.007～0.071	2.668±2.535
>90	51	115	2.42×10^{-4}	9.43×10^{-5}	0.007～0.071	2.668±2.535

3.4 隐孢子虫毒性评价

剂量-效应关系主要是研究人体摄入一定剂量的病原微生物后是否发生感染、感染后是否发病，以及发病后是否死亡，主要通过感染率、发病率和病死率等流行病学指标来体现。

3.4.1 感染率

隐孢子虫感染可定义为吞食“卵囊”36 h 后在粪便中查到卵囊[61]。隐孢子虫剂量-效应的数学模型主要有贝塔-泊松模型和指数模型。针对免疫正常的人群，志愿者吞服实验数据表明，贝塔-泊松模型能较好地进行拟合［式（3-4）］[40]；而针对免疫缺陷的人群，由于缺乏人体感染数据，可采用从动物感染实验数据获得最佳拟合的指数模型［式（3-5）］。故而，每天发生感染的概率和全年发生感染的概率可分别表示为

$$P_{\text{Infday}}=1-\left(1+\frac{P_{\text{m}}\times N_{\text{Daily}}}{\beta}\right)^{-\alpha} \tag{3-4}$$

$$P_{\text{Infday}}=1-\mathrm{e}^{-r\times N_{\text{Daily}}} \tag{3-5}$$

$$P_{\text{Infyear}}=1-(1-P_{\text{Infday}})^{365} \tag{3-6}$$

式中，P_{Infday}为每天摄入“两虫”剂量N_{Daily}时发生感染的概率；r为吞食单个卵囊或胞囊发生感染的概率；$P_{Infyear}$为全年发生感染的概率；P_{m}为免疫正常人群已具有抗隐孢子虫抗体。

3.4.2 发病率

感染隐孢子虫后是否发病主要是看有没有出现腹泻症状。一般认为，感染后8 h出现不成型的粪便或24 h内超过3次大便，同时具有一种肠道症状（如高烧、恶心、呕吐、胃痛或痉挛等），即可判定为发病。流行病学调查和志愿者吞服实验表明，有40%～100%的免疫正常人群在感染隐孢子虫后表现出腹泻症状，发达国家这一比例为71%[33,54]。据此，可用贝塔分布函数（$\alpha=20$，$\beta=8$）来表征上述发病率。针对免疫缺陷的人群，感染“两虫”后假定都将出现腹泻症状，即发病率固定为100%[45,54]。年发病率可以通过以下公式进行估算：

$$P_{Illyear}=P_{Infyear}\times P_{Ill|Inf} \tag{3-7}$$

式中，$P_{Illyear}$为年发病率；$P_{Infyear}$为年感染率；$P_{Ill|Inf}$为感染后发病率。

3.4.3 死亡率

1993年，美国密尔沃基市发生隐孢子虫病呈水源性大暴发，导致40万人生病，其中，4人死亡。据此，估计隐孢子虫病在免疫正常的人群中导致的病死率为1/10万[62]。与发病率一样，同样可以采用贝塔分布函数（$\alpha=1$，$\beta=99\ 999$；平均值为1/10万，95%分布区间为0.03/10万～3.69/10万）来表征病死率估算中的不确定性。对免疫缺陷的患者，美国一项流行病学调查显示，HIV状况可知的236名隐孢子虫病患者中，103名患者为HIV阳性，其中，3人死亡[55]。用贝塔分布函数表示为Beta（3，97），平均值为3%，95%分布区间为0.63%～7.11%（表3-4）。年病死概率可以通过以下公式进行估算：

$$P_{f\_cryp}=\mathrm{CFR}\times P_{Illyear} \tag{3-8}$$

式中，P_{f_cryp}为年病死概率；$P_{Illyear}$为年发病率；CFR为病死率。

3.5 隐孢子虫风险计算

3.5.1 发病情况

在常规水处理工艺（絮凝/混凝、沉淀、双层滤料滤池过滤和氯消毒）条件下，经直接饮用和刷牙、洗碗及洗菜等残留摄入生水2种暴露途径，导致隐孢子虫病的年发病率为1490/10万，即10万人中每年有1490人发病；若采用臭氧消毒替换氯消毒，发病率可降低至100.7/10万；若采用微膜过滤技术，发病率可进一步降低至62.5/10万（表3-7）。Havelaar等[42]评价了常规水处理工艺下隐孢子虫的健康风险。在饮用水中隐孢子虫浓度为1.3×10^{-3}个/L，日饮用水量0.16 L时，隐孢子虫病发病率为71/10万，低于本研究的1490/10万。值得注意的是，本研究中常规水处理工艺下饮用水中隐孢子虫浓度为1.6×10^{-3}个/L，约略高于上述的1.3×10^{-3}个/L，但Havelaar等[42]在指数模型中感染常量r采用的值非常低（$r=0.0037$），以及摄入生水量体积的不同，最终导致推算出的发病率也有所不同。

如前所述，免疫正常和免疫缺陷的人群对隐孢子虫具有不同的易感性。在免疫缺陷的人群中，因饮用常规处理工艺的饮用水导致发生隐孢子虫病的年概率为2.7×10^{-2}，远高于免疫正常人群的1.5×10^{-3}。最近，河南省一项基于实验室诊断的流行病学调查结果显示[63]，HIV阳性（免疫缺陷）发生隐孢子虫病的概率为1.4×10^{-2}（6/430），稍低于本研究估算的2.7%。一般来说，基于实验室确诊病例数据的流行病学调查通常都会低估隐孢子虫病的实际发病情况[55]。其原因与以下因素有关：①隐孢子虫病在中国不是法定报告疾病；②不是所有的腹泻病人都会去医院看病；③腹泻去医院也未必进行粪便检查；④腹泻患者粪便检查一般都不查隐孢子虫。

3.5.2 隐孢子虫病疾病负担

在常规水处理工艺下，暴露人群的隐孢子虫疾病负担每人每年为8.3151×10^{-6} DALYs，而在臭氧消毒和微膜过滤工艺下分别为0.7370×10^{-6} DALYs和0.4688×10^{-6} DALYs（表3-7）。针对化学污染物的致癌风险，USEPA提出以10^{-4}作为每人每年致癌风险概率的最大可接受阈值。以发病率表征隐孢子虫风险大小的评价研究中，大多数也参照10^{-4}这一阈值，以判定隐孢子虫风险是否在可接受范围[45,49,64]。然而，不同的疾病即使发病率一样，造成的疾病负担却可能差异很大。因此，采用发病率作为评价指标不能对各种疾病风险进行比较。DALYs的采用可以有效解决这一问题。WHO在《饮用水水质指南》（第四版）中提出以每人每年10^{-6} DALYs作为最大可接受的疾病负担[65]。参照这一最新标准，我国隐孢子虫的健康风险在常规水处理工艺下（每人每年8.31×10^{-6} DALYs）将不能为WHO所接受，而在臭氧—活性炭深度处理或微膜过滤工艺下处于可接受的风险范围（图3-3）。

表 3-7　不同处理方式隐孢子虫病在不同人群的发病率、死亡率、病死率和 DALYs 损失*

饮用水处理方式	不同人群	发病率（1/10 万）	死亡率（1/100 万）	病死率（%）	DALYs 损失（1/1000 病例）	DALYs 损失（1/100 万）
常规水处理工艺	免疫正常	1475. 25 （10. 90 ~ 6029. 04）	0. 0152 （0. 0000 ~ 0. 0642）	0. 001 （0. 000 ~ 0. 003）	1. 91 （1. 46 ~ 2. 78）	2. 8381 （0. 0208 ~ 11. 3498）
	免疫缺陷	15. 04 （0. 77 ~ 52. 25）	1. 6858 （0. 0916 ~ 5. 8808）	12. 086 （6. 532 ~ 19. 407）	322. 31 （155. 79 ~ 561. 59）	5. 4770 （0. 2378 ~ 20. 4360）
	合计	1490. 29 （12. 51 ~ 6064. 38）	1. 701 （0. 0931 ~ 5. 9447）	0. 541 （0. 225 ~ 0. 965）	18. 06 （7. 69 ~ 33. 64）	8. 3151 （0. 3384 ~ 30. 9325）
常规水处理工艺+臭氧消毒	免疫正常	99. 23 （0. 36 ~ 403. 94）	0. 0010 （0. 0000 ~ 0. 0040）	0. 001 （0. 000 ~ 0. 003）	1. 91 （1. 46 ~ 2. 79）	0. 1884 （0. 0007 ~ 0. 7528）
	免疫缺陷	1. 54 （0. 03 ~ 6. 57）	0. 1684 （0. 0033 ~ 0. 6987）	12. 135 （6. 127 ~ 20. 072）	321. 74 （155. 36 ~ 556. 52）	0. 5486 （0. 0084 ~ 2. 3136）
	合计	100. 77 （0. 44 ~ 407. 65）	0. 1694 （0. 0033 ~ 0. 6998）	0. 629 （0. 322 ~ 1. 066）	20. 85 （9. 65 ~ 38. 29）	0. 7370 （0. 0121 ~ 2. 9453）
微膜过滤工艺	免疫正常	61. 49 （0. 40 ~ 222. 00）	0. 0006 （0. 0000 ~ 0. 0022）	0. 001 （0. 000 ~ 0. 007）	1. 91 （1. 46 ~ 2. 79）	0. 1180 （0. 0007 ~ 0. 4316）
	免疫缺陷	0. 99 （0. 03 ~ 3. 80）	0. 1071 （0. 0034 ~ 0. 4030）	12. 146 （6. 004 ~ 20. 146）	321. 81 （153. 38 ~ 561. 04）	0. 3508 （0. 0090 ~ 1. 3607）
	合计	62. 48 （0. 47 ~ 225. 13）	0. 1077 （0. 0035 ~ 0. 4034）	0. 633 （0. 321 ~ 1. 062）	20. 98 （9. 85 ~ 38. 55）	0. 4688 （0. 0128 ~ 1. 6496）

* 数据后面括号内为95%的置信区间

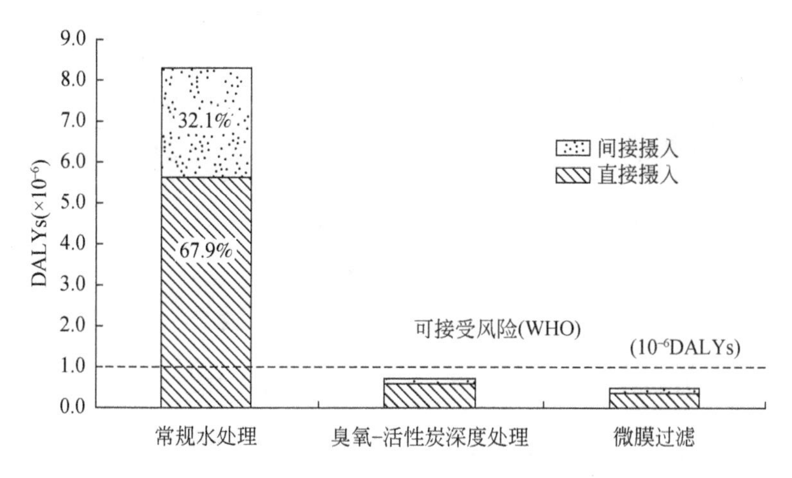

图 3-3　隐孢子虫在不同工艺和暴露途径下造成的疾病负担

从暴露途径来分析，常规水处理条件下，直接摄入和间接摄入隐孢子虫造成的疾病负担占疾病总负担的比例分别为 32. 1% 和 67. 9。由此可见，直接摄入是感染隐孢子虫的重要暴露途径。

针对不同免疫状态的人群，从表 3-7 可以看出，隐孢子虫感染对免疫缺陷人群的风险很大，占全人口 0. 056% 的免疫缺陷人群贡献了 65. 87% 的疾病负担。分析原因主要是隐孢子虫病导致免疫缺陷人群的疾病负担（每病例为 0. 32 DALYs）远高于对免疫正常人群的疾病负担（每病例为 1.91×10^{-3} DALYs）（表 3-7）。

不同年龄的人群对同一疾病的易感性不同，由此承受的疾病负担也会有所不同。以往的一些研究着重强调儿童是腹泻性疾病负担的主要承受者[40]。然而，从图 3-4 可以看出，15 ~ 59 岁的人群是隐孢子虫病疾病负担的主要承受者，占隐孢子虫病疾病负担的 90. 11%。其中，15 ~ 29 岁和 30 ~ 44 岁这两个年龄段的青年是隐孢子虫病疾病负担承受的主体，分别占 21% 和 25%。分析原因主要与隐孢子虫的致病特点（对免疫缺陷如 HIV 阳性人群的致病性远高于对免疫正常人群）和 HIV 阳性人群年龄分布（我国 HIV 阳性人群主要为青年）有关。美国一项研究对确诊的隐孢子虫病在不同年龄人群的分布情况进行调查，结果表明，1023 名隐孢子虫病患者中有 584 名（57%）年龄为 15 ~ 59 岁，161 名住院患者中有 76 名（47%）处于上述年龄段，所有的 6 名死亡病例都发生在 25 ~ 44 岁[55]。这一调查结果进一步印证了“青年是隐孢子虫病疾病负担主要承受群体”的结论。

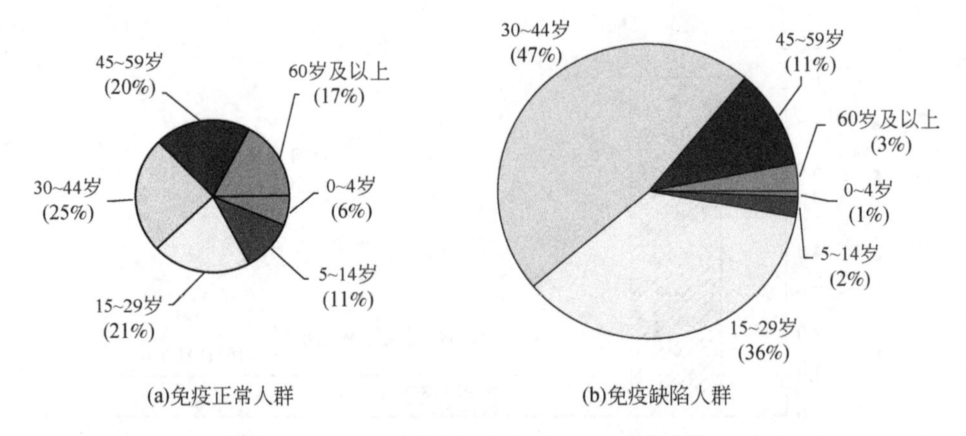

图 3-4　常规水处理工艺下隐孢子虫在不同年龄人群中造成的疾病负担

参考文献

[1] Smith H V, Nichols R A. Cryptosporidium: Detection in water and food [J]. Experimental Parasitogy, 2010, 124 (1): 61-79.

[2] Jirku M, Valigurová A, Koudela B, et al. New species of *cryptosporidium* tyzzer, 1907 (apicomplexa) from amphibian host: morphology, biology and phylogeny [J]. Folia Parasitologica, 2008, 55 (2): 81-94.

[3] Pintar K D M, Fazil A, Pollari F, et al. A risk assessment model to evaluate the role of fecal contamination in recreational water on the incidence of cryptosporidiosis at the community level in Ontario [J]. Risk Analysis, 2010, 30 (1): 49-64.

[4] Lindsay D S, Upton S J, Owens D S, et al. *Cryptosporidium andersoni* n. sp. (apicomplexa: cryptosporiidae) from cattle, Bos taurus [J]. Journal of Eukaryotic Microbiology, 2000, 47 (1): 91-95.

[5] Current W L, Reese N C. A comparison of endogenous development of three isolates of *Cryptosporidium* in suckling mice [J]. Journal of Protozoology, 1986, 33 (1): 98-108.

[6] Fayer R, Santin M, Xiao L. *Cryptosporidium bovis* n. sp. (apicomplexa: cryptosporidiidae) in cattle (Bos taurus) [J]. Journal of Parasito logy, 2005, 91 (3): 624-629.

[7] Fayer R, Trout J M, Xiao L, et al. *Cryptosporidium canis* n. sp. from domestic dogs [J]. Journal of Parasitology, 2001, 87 (6): 1415-1422.

[8] Ryan U M, Power M, Xiao L. *Cryptosporidium fayeri* n. sp. (apicomplexa: cryptosporidiidae) from the Red Kangaroo (macropus rufus) [J]. Journal of Eukaryotic Microbiology, 2008, 55 (1): 22-26.

[9] Iseki M. *Cryptosporidium felis* sp. n. (protozoa: eimeriorina) from the domestic cat [J]. Japanese Journal of Parasitology, 1979, 28: 285-307.

[10] Pavlásek I. Cryptosporidia, biology diagnosis, host spectrum, specificity and the environment [J]. Remedia Klin. Microbiol, 1999, 3: 290-302.

[11] Morgan-Ryan U M, Fall A, Ward L A, et al. *Cryptosporidium hominis* n. sp. (apicomplexa: Cryptosporidiidae) from Homo sapiens [J]. Journal of Eukaryotic Microbiology, 2002, 49 (6): 433-440.

[12] Power M L, Ryan U M. A new species of *Cryptosporidium* (apicomplexa: cryptosporidiidae) from eastern grey kangaroos (Macropus giganteus) [J]. Journal of Parasitology, 2008, 94 (5): 1114-1117.

[13] Slavin D. *Cryptosporidium meleagridis* (sp. nov.) [J]. Journal of Comparative Pathology and Therapeutics, 1955, 65 (3): 262-266.

[14] Alvarez pellitero P, Sitjà bobadilla A. *Cryptosporidium molnari* n. sp. (apicomplexa: cryptosporidiidae) infecting two marine fish species, Sparus aurata L. and Dicentrarchus labrax L [J]. International Journal for Parasitology, 2002, 32 (8): 1007-1021.

[15] Tyzzer E E. An extracellular coccidium, *cryptosporidium muris* (gen. et sp. nov.), of the gastric glands of the common mouse [J]. Journal of Medical Research, 1910, 23 (3): 487-510.

[16] Tyzzer E E. *Cryptosporidium parvum* (sp. nov.), a coccidium found in the small intestine of the common mouse [J]. Arch. Protistenkd, 1912, 26: 394-412.

[17] Fayer R, Santin M, Trout J M. *Cryptosporidium ryanae* n. sp. (apicomplexa: cryptosporidiidae) in cattle (bos taurus) [J]. Veterinary Parasitology, 2008, 156 (3-4): 191-198.

[18] Alvarez-Pellitero P, Quiroga M I, Sitjà-Bobadilla A, et al. *Cryptosporidium scophthalmi* n. sp. (apicomplexa: cryptosporidiidae) from cultured turbot scophthalmus maximus. light and electron microscope description and histopathological study [J]. Diseases of Aquatic Organisms, 2004, 62 (1-2): 133-145.

[19] Levine N D. Some corrections of coccidian (apicomplexa, protozoa) nomenclature [J]. Journal of Parasitology, 1980, 66 (5): 830-834.

[20] Ryan U M, Monis P, Enemark H L, et al. *Cryptosporidium suis* n. sp. (apicomplexa: cryptosporidiidae) in pigs (sus scrofa) [J]. Journal of Parasitology, 2004, 90 (4): 769-773.

[21] Pavlasek I, Lavickova M, Horak P, et al. *Cryptosporidium varanii* n. sp. (apicomplexa, cryptosporidiidae) in emerald monitor (varanus prasinus) schegel 1893) in captivity at Prague zoo [J]. Gazella, 1995, 22: 99-108.

[22] Vetterling J M, Jervis H R, Merrill T G, et al. *Cryptosporidium wrairi* sp. n. from the guinea pig Cavia porcellus, with an emendation of the genus [J]. Journal of Protozoology, 1971, 18 (2): 243-247.

[23] Fayer R, Santin M. *Cryptosporidium xiaoi* n. sp. (apicomplexa: cryptosporidiidae) in sheep (ovis aries) [J]. Veterinary Parasitology, 2009, 164 (2-4): 192-200.

[24] Fayer R, Xiao L. *Cryptosporidium and Cryptosporidiosis, second ed* [M]. Boca Raton: CRC Press and IWA Publishing, 2008.

[25] Chen X M, Keithly J S, Paya C V, et al. Cryptosporidiosis [J]. New England Journal of Medicine, 2002, 346 (22): 1723-1731.

[26] Mcgowan I, Hawkins A S, Weller I V. The natural history of cryptosporidial diarrhoea in HIV-infected patients [J]. Aids, 1993, 7 (3): 349-354.

[27] Karanis P, Kourenti C, Smith H. Waterborne transmission of protozoan parasites: A worldwide review of outbreaks and lessons learnt [J]. Journal of Water and Health, 2007, 5 (1): 1-38.

[28] Eisenberg J N, Lei X, Hubbard A H, et al. The role of disease transmission and conferred immunity in outbreaks: Analysis of the 1993 *Cryptosporidium* outbreak in Milwaukee, Wisconsin [J]. American Journal of Epidemiology, 2005, 161 (1): 62-72.

[29] Takagi M, Toriumi H, Endo T, et al. An outbreak of cryptosporidiosis associated with swimming pools [J]. Kansenshogaku Zasshi, 2008, 82 (1): 14-19.

[30] Aksoy U, Akisu C, Sahin S, et al. First reported waterborne outbreak of cryptosporidiosis with cyclospora co-infection in Turkey [J]. Eurosurveillance, 2007, 12 (2): E070215. 4.

[31] Reynolds K A, Mena K D, Gerba C P. Risk of waterborne illness via drinking water in the United States [J]. Reviews of Environmental Contamination and Toxicology, 2008, 192: 117-158.

[32] Hashimoto A, Kunikane S, Hirata T. Prevalence of *Cryptosporidium* oocysts and *Giardia* cysts in the drinking water supply in Japan [J]. Water Research, 2002, 36 (3): 519-526.

[33] WHO, Risk assessment of *Cryptosporidium* in drinking water [M]. In World Health Organization: Geneva, 2009.

[34] Srisuphanunt M, Karanis P, Charoenca N, et al. *Cryptosporidium* and *Giardia* detection in environmental waters of southwest coastal areas of Thailand [J]. Parasitology Research, 2010, 106 (6): 1299-1306.

[35] Razzolini M T P, da Silva Santos T F, Bastos V K. Detection of *Giardia* and *Cryptosporidium* cysts/oocysts in watersheds and drinking water sources in Brazil urban areas [J]. Journal of Water and Health, 2010, 8 (2): 399-404.

[36] 余淑苑，唐非，张志城，等．深圳市村镇级水厂水源水中隐孢子虫和贾第鞭毛虫调查 [J]．环境与健康杂志，2005，22 (6)：450-452.

[37] 孟明群，蒋增辉，陈国光．上海市区原水及自来水中两虫分布调查 [J]．中国给水排水，2005，21 (12)：32-34.

[38] Carmena D, Aguinagalde X, Zigorraga C, et al. Presence of *Giardia* cysts and *Cryptosporidium* oocysts in drinking water supplies in northern Spain [J]. Journal of Applied Microbiology, 2007, 102 (3): 619-629.

[39] Hörman A, Rimhanen-Finne R, Maunula L, et al. *Campylobacter* spp., *Giardia* spp., *Cryptosporidium* spp., noroviruses, and indicator organisms in surface water in southwestern Finland, 2000-2001 [J]. Applied and Environmental Microbiology, 2004, 70 (1): 87-95.

[40] An W, Zhang D, Xiao S, et al. Quantitative health risk assessment of *Cryptosporidium* in rivers

of southern China based on continuous monitoring [J]. Environmental Science and Technology, 2011, 45 (11): 4951-4958.

[41] Teunis P F M, Medema G J, Kruidenier L, et al. Assessment of the risk of infection by *Cryptosporidium* or *Giardia* in drinking water from a surface water source [J]. Water Research, 1997, 31, (6): 1333-1346.

[42] Havelaar A H, de Hollander A E, Teunis P F, et al. Balancing the risks and benefits of drinking water disinfection: Disability adjusted life-years on the scale [J]. Environmental Health Perspectives, 2000, 108 (4): 315-321.

[43] Teunis P F M, Nagelkerke N J D, Haas C N. Dose response models for infectious gastroenteritis [J]. Risk Analysis, 1999, 19 (6): 1251-1260.

[44] Medema G J, Hoogenboezem W, van der Veer A J, et al. Quantitative risk assessment of *Cryptosporidium* in surface water treatment [J]. Water Science and Technology, 2003, 47 (3): 241-247.

[45] Pouillot R, Beaudeau P, Denis J B, et al. A quantitative risk assessment of waterborne cryptosporidiosis in France using second-order Monte Carlo simulation [J]. Risk Analysis, 2004, 24 (1): 1-17.

[46] Cummins E, Kennedy R, Cormican M. Quantitative risk assessment of *Cryptosporidium* in tap water in Ireland [J]. Science of the Total Environment, 2010, 408 (4): 740-753.

[47] Lechevallier M W, Kwokkeung A, Au K K. Water Treatment and Pathogen Control [M]. IWA Publishing (WHO): London, UK, 2004.

[48] Dugan N R, Fox K R, Owens J H, et al. Controlling *Cryptosporidium* oocysts using conventional treatment [J]. American Water Works Association Journal, 2001, 93 (12): 64-76.

[49] Hunter P R, Zmirou-Navier D, Hartemann P. Estimating the impact on health of poor reliability of drinking water interventions in developing countries [J]. Science of The Total Environment, 2009, 407 (8): 2621-2624.

[50] Duan X L, Wang Z S, Wang B B, et al. Drinking water-related exposure factors in a typical area of northern China [J]. Research of Environmental Sciences, 2010, 23 (9): 1216-1220.

[51] Peng X U, Huang S B, Wang Z J. Water consumption habit in general population of Shanghai and Beijing, China [J]. Asian Journal of Ecotoxicology, 2008, 3 (3): 224-230.

[52] Teunis P F, Chappell C L, Okhuysen P C. *Cryptosporidium* dose response studies: Variation between isolates [J]. Risk Analysis, 2002, 22 (3): 475-485.

[53] Zu S X, Li J F, Barrett L J, et al. Seroepidemiologic study of *Cryptosporidium* infection in children from rural communities of Anhui, China and Fortaleza, Brazil [J]. American Journal of Tropical Medicine and Hygiene, 1994, 51 (1): 1-10.

[54] Havelaar A H, Melse J M. Quantifying public health risk in the WHO guidelines for drinking-water quality: A burden of disease approach [R]. Rijksinstituut voor Volksgezondheid en

Milieu, 2003.

[55] Dietz V, Vugia D, Nelson R, et al. Active, multisite, laboratory-based surveillance for *Cryptosporidium parvum* [J]. American Journal of Tropical Medicine and Hygiene, 2000, 62 (3): 368-372.

[56] Mons M N, van der Wielen J M, Blokker E J, et al. Estimation of the consumption of cold tap water for microbiological risk assessment: An overview of studies and statistical analysis of data [J]. Journal of Water and Health, 2007, 5 (1): 151-170.

[57] Roseberry A M, Burmaster D E. Lognormal distributions for water intake by children and adults [J]. Risk Analysis, 1992, 12 (1): 99-104.

[58] UNAIDS. Global report: UNAIDS report on the global AIDS epidemic 2010; UNAIDS/10. 11E | JC1958E; Joint United Nations Programme on HIV/AIDS: 13 April 2011, 2011.

[59] 中国卫生部. 中国卫生统计年鉴 (2010 年) [EB/OL]. http://www.moh.gov.cn/publicfiles/business/htmlfiles/zwgkzt/ptjnj/year2010/index2010.html [2011-5-11].

[60] 国务院防治艾滋病工作委员会办公室联合国艾滋病中国专题组. 中国艾滋病防治联合评估报告 (2007) [R]. 北京, 2007.

[61] Tolboom J J. The infectivity of *Cryptosporidium parvum* in healthy volunteers [J]. New England Journal of Medicine, 1995, 332 (13): 855-859.

[62] Addiss D G, Pond R S, Remshak M, et al. Reduction of risk of watery diarrhea with point-of-use water filters during a massive outbreak of waterborne *Cryptosporidium* infection in Milwaukee, Wisconsin, 1993 [J]. American Journal of Tropical Medicine and Hygiene, 1996, 54 (6): 549-553.

[63] Wang L, Zhao X, Zhang H, et al. Molecular epidemiology of *Cryptosporidium* in HIV patients in Henan, China [C] //Xie, M, Cai J. Guangzhou, China: Proceedings of the 10th International Coccidiosis Conference, 2010: 153-154.

[64] Eisenberg J N, Moore K, Soller J A, et al. Microbial risk assessment framework for exposure to amended sludge projects [J]. Environmental Health Perspectives, 2008, 116 (6): 727-733.

[65] WHO. Guidelines for Drinking-water Quality: Incorporating 1st and 2nd Addenda, Vol. 1, Recommendations. In 3rd ed. [M]. Geneva: World Health Organization, 2008.

第4章 饮用水中消毒副产物卤乙酸健康风险评价

4.1 卤乙酸的研究现状

4.1.1 卤乙酸的简介

为控制饮用水中的病原微生物，保证饮水安全，消毒成为供水系统最后一道必不可少的处理工艺。氯消毒技术在全世界自来水厂的应用，大大降低了痢疾和霍乱等水介传染病的发生概率，被誉为“20世纪最成功的公共安全措施”。目前，氯消毒仍是最主要的饮用水消毒方式，我国99.5%以上的自来水厂采用氯消毒，即便是在经济发达的美国，也有94.5%的自来水厂采用氯消毒[1]。然而，氯消毒却带来了新的健康风险。氯消毒剂与水中残留的天然有机物或有机污染物发生反应会产生多种可致癌的卤代消毒副产物（DBPs），如THMs、卤乙酸（HAAs）、氯代酚、卤代酮类（HKs）、卤乙腈（HANs）、卤乙醛类（CH）、三氯硝基甲烷、甲醛、乙醛和酚等。大量流行病学调查证明，长期饮用氯消毒的水会增加人类患癌症的风险[2]。

HAAs是非常重要的一类DBPs，包括9种物质，即MCAA、二氯乙酸（DCAA）、三氯乙酸（TCAA）、一溴乙酸（MBAA）、二溴乙酸（DBAA）、三溴乙酸（TBAA）、一溴氯乙酸（BCAA）、一溴二氯乙酸（BDCAA）和二溴一氯乙酸（DBCAA）。HAAs属于难挥发性化合物，且具有强酸性和亲水性，pK_a为0.63～2.9[3]。有研究发现，HAAs在氯化DBPs中的含量约为14%，而致癌风险却占总致癌风险的91.9%以上[4]。HAAs与目前备受关注的THMs类DBPs相比，具有沸点高、不易挥发、致癌风险大的特点，其单位致癌风险也大大高于THMs，其中，DCAA的单位致癌风险是三氯甲烷的50倍。因此，HAAs成为DBPs研究的新热点之一。

4.1.2 卤乙酸的毒性

动物实验证明，HAAs 具有急性毒性、致癌性、肝脏毒性、生殖发育毒性、神经毒性、致突变性和遗传毒性等[5]，且不同物质的毒性差异较大。

4.1.2.1 急性毒性

动物暴露实验中，大鼠或小鼠经口摄入一定剂量的 HAAs 就能产生急性毒性。大鼠经口摄入 90 ~ 200mg/kg 或小鼠经口摄入 260mg/kg 的 MCAA 后，出现冷淡、活动减退、失去平衡、流泪、呼吸困难及黄萎病等急性毒性效应[6]。4480 ~ 5500mg/kg 的 DCAA 及 3320 ~ 5000mg/kg 的 TCAA 能导致大鼠和小鼠半昏迷与昏迷[7]。177mg/kg 的 MBAA 和 1737mg/kg 的 DBAA 能导致大鼠过量饮水、活动能力降低、呼吸困难和腹泻等急性毒性效应[8]。除口腔摄入途径外，MCAA 和 TCAA 也可经皮肤摄入产生急性毒性，表现为冷淡、活动减退、流泪、立毛、气促、发呆、步态蹒跚、呼吸不规则及腹泻等[6]。

4.1.2.2 致癌性

US EPA 的啮齿动物长期致癌实验发现，DCAA 可导致大鼠和小鼠肝癌。基于足够的动物致癌证据和不充分的人类致癌证据，IARC 将 DCAA 归为 2B 组，即可能对人类致癌物质（possibly carcinogenic to humans）。动物实验表明，TCAA 对小鼠有致肝癌作用，但对大鼠无致癌作用，因此，TCAA 被其划为第 3 组，即不按对人有无致癌作用来分类的物质（not classifiable as to its carcinogenicity to humans）[9]。Melnick 等研究暴露于 DBAA 2 年的 F344/N 大鼠和 B6C3F1 小鼠时发现，DBAA 能引起大鼠、小鼠多位点肿瘤，包括大鼠单核细胞白血病和腹腔间皮瘤、小鼠肝脏肿瘤和肺癌[10]。目前有关其致癌作用的机理尚不清楚，可能的机理包括 DNA 损伤、DNA 甲基化、细胞凋亡与增殖控制等。

4.1.2.3 肝脏毒性

动物毒性实验表明，MCAA、DCAA、TCAA 和 DBAA 均具有肝脏毒性。雄性 F344 大鼠饮用水暴露于 60mg/(kg · d) 的 MCAA 104 周时，肝炎发生概率增加；在 26mg/(kg · d) 及更高剂量下，MCAA 能导致绝对和相对肝重的降低[11]。B6C3F1 小鼠、Swiss-Webster 小鼠及 Sprague-Dawley 大鼠饮用水或灌胃，短期暴露于 DCAA 或 TCAA，产生肝重增加、局部肝坏死、肝细胞增殖增加和肝糖原增加等肝脏毒性[12]。长期暴露实验中，DCAA 能导致小鼠肝脏毒性呈剂量-效应关系增强，表现为谷氨酸转氨酶水平升高和肝坏死[13]。贝高犬喂食 50mg/(kg · d)、75mg/(kg · d) 和 100mg/(kg · d) 的 DCAA 13 周后，均发生肝脏细胞增加[14]。B6C3F1 小鼠暴露于 125mg/(kg · d) 和 500mg/(kg · d) 的 TCAA 10 周后，出现绝对肝重、相对肝重的增加及 12-羟基月桂酸的增加；而大鼠暴露 TCAA 则出现肝脏甘油三酯和胆固醇水平的下降[15]。

4.1.2.4 生殖发育毒性

动物实验数据表明，大多数 HAAs 表现出生殖发育毒性。怀孕的 Sprague-Dawley 大鼠饮用水暴露于 MCAA，母体体重增加明显变慢[16]。雄性大鼠暴露于 DCAA，出现附睾重量下降、精子尾部畸形增加和精子活力降低。填喂怀孕期间的雌性大鼠 900mg/(kg · d) 或更高剂量的 DCAA 6～15 天，每胎仔的成活率明显降低；在 140mg/(kg · d) 或更高剂量下，母体增重显著降低，胎儿软组织畸形呈现剂量–效应关系增加[17]。另一研究中，大鼠在暴露 DCAA 后，胎儿出现重量下降、心脏畸形[18]。动物实验中，TCAA 未表现出生殖毒性，但在怀孕大鼠填喂 TCAA 6～15 天后，胎儿出现发育毒性，表现为体重体长明显增长或减缓和软组织畸形概率增加，包括心血管、肾脏系统、眼眶和肾积水，以及骨骼的畸形[19]。饮用水暴露 DBAA 3 个月可引起雄性大鼠的生殖毒性，主要表现为睾丸萎缩、生精上皮退化、精子产生减少、精子运动能力和浓度显著降低等[10]。BCAA 也呈现出生殖毒性，可引起一些基因表达的改变，可能对精子细胞的成熟、释放和生育力有潜在的影响。动物暴露实验中，BCAA 暴露后的怀孕大鼠的胎儿成活数下降[20]。

4.1.2.5 神经毒性

DCAA 和 DBAA 在动物实验中表现出神经毒性。大鼠暴露于 DCAA 3 个月后出现大脑和小脑损伤，病理表现为髓鞘的神经束水肿和空泡形成，行为表现为步态异常、后肢不协调和蜷缩反射缺陷、后肢握力降低和轻微颤抖[21]。贝高犬暴露于 DCAA 也出现类似的神经毒性效应[14]。未成熟的雄性和雌性 F344 大鼠饮用水暴露于 20mg/(kg · d)、72mg/(kg · d) 和 161mg/(kg · d) 的 DBAA 6 个月后，均出现感觉运动反应降低；在中间组和高剂量组发生肌肉神经毒性，如四肢无力、步伐变化和肌张力减退；同时，与脊髓神经纤维退化相关的神经病理学改变和脊髓的神经元空泡的发生概率明显增加[22]。

4.1.2.6 致突变性和遗传毒性

目前，关于 HAAs 致突变性和遗传毒性的研究结果不明确或结论不一，但部分实验结果呈阳性。MCAA 在大多数哺乳动物细胞致突变实验中呈现阳性[23]，在中国仓鼠卵细胞 DNA 断裂实验中也呈阳性[24]。DCAA 在多种体外和体内遗传毒性测试中表现为阳性，被认为是弱遗传毒性物质。TCAA 在 Ames 实验中呈弱阳性[25]，在哺乳动物基因突变实验中也呈弱阳性[26]。体外 DNA 损伤实验显示，MBAA 和 DBAA 具有轻微的遗传毒性[25]。Ames 实验显示，MBAA 的致突变性要强于 DBAA 和 MCAA[27]。

4.1.3 卤乙酸的饮用水标准

HAAs 具有潜在的致癌性、致突变性、肝脏毒性、生殖发育毒性和神经毒性，并且广泛存在于氯消毒后的饮用水中，因此，给人类健康带来潜在风险。为了降低其健康风险，目前世界上许多国家都将 HAAs 纳入饮用水水质标准中进行控制管理。不同国家或组织的 HAAs 饮用水标准限值总结见表 4-1。

表 4-1 不同国家或组织对 HAAs 饮用水标准限值的规定 （单位：μg/L）

<table>
<tr><th colspan="2">中国</th><th colspan="2">日本</th><th colspan="2">WHO</th><th colspan="2">US EPA</th><th>加拿大</th></tr>
<tr><td rowspan="9">DCAA
TCAA</td><td rowspan="9">50
100</td><td rowspan="9">MCAA
DCAA
TCAA</td><td rowspan="9">20
40
200</td><td colspan="2">《饮用水水质准则》（第二版）</td><td colspan="2">第一阶段</td><td rowspan="9"></td></tr>
<tr><td>DCAA</td><td>50</td><td>HAA5[a]</td><td>60</td></tr>
<tr><td>TCAA</td><td>100</td><td>DCAA[b]</td><td>0</td></tr>
<tr><td colspan="2">《饮用水水质准则》（第三版）</td><td>TCAA[b]</td><td>300</td></tr>
<tr><td>MCAA</td><td>20</td><td colspan="2">第二阶段</td></tr>
<tr><td>DCAA</td><td>50</td><td>HAA5[a]</td><td>60</td></tr>
<tr><td rowspan="3">TCAA</td><td rowspan="3">200</td><td>MCAA[b]</td><td>30</td></tr>
<tr><td>DCAA[b]</td><td>0</td></tr>
<tr><td>TCAA[b]</td><td>20</td></tr>
</table>

注：a. MCAA、DCAA、TCAA、MBAA、DBAA 总和的污染物最高浓度（MCL）；b. 单个物质的污染物最高浓度的目标值（MCLG），即对人体健康无影响或预期无不良影响的污染物浓度，是非强制性公共健康目标。

US EPA 最先在《消毒剂与消毒副产物法》（DBPR）中制定了 HAAs 的饮用水标准，该法案实行两阶段的控制。第一阶段，将 HAA5（MCAA、DCAA、TCAA、MBAA 和 DBAA）5 种污染物最高总浓度（MCL）设定为 60μg/L。作为非强制执行指标，DCAA 和 TCAA 的污染物最高浓度目标值（MCLGs）分别为 0μg/L 和 300μg/L[28,29]。第二阶段，MCL 降至 30μg/L，原定在 2000 年 6 月实施，而目前 MCL 仍按第一阶段执行[30]。2011 年，US EPA 饮用水标准和健康报告中 HAA5 的 MCL 仍为 60μg/L，但将 MCAA、DCAA 和 TCAA 的 MCLG 分别设定为30μg/L、0μg/L和20μg/L[31]。

WHO的《饮用水水策准则》（第二版）规定，饮用水中DCAA和TCAA的指导值分别为50μg/L和100μg/L[32]；2004年公布的《饮用水水策准则》（第三版）将MCAA的标准指导值设定为20μg/L，TCAA修改为200μg/L，DCAA不变[33]。

日本2004年实施的《饮用水水质基准》规定，MCAA、DCAA和TCAA的MCL分别为20μg/L、40μg/L和200μg/L，并将其余6种HAAs列入需要关注的研究计划[34]。加拿大2010年颁布的饮用水水质标准参考US EPA的方法，规定HAA5的最高容许浓度为80μg/L[35]。

2005年我国建设部颁布的《城市供水水质标准》规定，DCAA和TCAA的浓度都不超过60μg/L；2006年卫生部和国家标准化管理委员会联合发布的《生活饮用水卫生标准》（GB 5749—2006）第一次将HAAs列入标准，规定DCAA和TCAA的MCL分别为50μg/L和100μg/L，这表明我国开始重视HAAs。

4.1.4 饮用水中卤乙酸的暴露水平

氯代卤乙酸（HAAs）主要是饮用水氯消毒过程中含氯消毒剂与水中腐殖酸和富里酸发生复杂的化学反应产生的。如果氯化过程中有溴化物存在，也会生成溴代乙酸和溴氯乙酸。HAAs在水中的生成量取决于有机前驱物质的种类和浓度、投氯量、氯化时间、水的pH、温度、氨氮及溴化物浓度等。因此，原水水质和处理工艺的差别导致不同自来水厂出水中HAAs的种类和浓度水平存在一定的差异。但一般情况下，HAAs处于μg/L的浓度水平。

目前，国外饮用水中HAAs的监测数据比较充足。Nieminski等在1990年夏季至1991年秋季对美国犹他州的35座自来水厂的出厂水和管网水的DBPs进行了测定，其中，HAAs的平均总浓度为17.3μg/L，占所测定DBPs总浓度的33.4%[36]。Label等在1997年1～12月对加拿大某市的3座自来水厂的出厂水和管网水的DBPs进行了检测，出厂水中MCAA、DCAA、TCAA的浓度分别为2.1μg/L、15.7μg/L、7.9μg/L，MBAA和DBAA的浓度均在0.01μg/L以下，5种HAAs的总浓度约为所测定的DBPs总浓度的40%[37]。US EPA在《消毒剂与消毒副产物法》制定过程中收集了大量美国饮用水中HAAs的浓度数据，在所监测的290座自来水厂中，90%以上的自来水厂出水中HAA5浓度小于60μg/L[38]。

由于对HAAs的发现和危害性认识均晚于THMs，HAAs作为强极性的小分子物质，一直缺乏兼具高效快捷和高灵敏度的检测方法。国内关于饮用水中HAA5的研究起步较晚。2004年，北京市自来水公司水质监测中心公布了北京市9座自来水厂的监测数据，被调查的自来水厂出厂水中卤代乙酸的平均浓度为 42.1 ~ 149.5μg/L，其中，含氯卤代乙酸占总量的 90% 以上。5 种卤代乙酸的含量顺序为 TCAA>DCAA>BCAA>DBAA>BDCAA[39]。北京大学胡建英课题组于 2003 年 5 月至 2004 年 11 月对天津市某自来水厂的 DBPs 进行了 8 次监测，HAA5 的变化范围为 4.28 ~ 79.31μg/L；除 2004 年 4 月以外，各月出厂水中均未检测出 MCAA，只检测出 DCAA 和 TCAA[40]。因此，在全国范围内展开饮用水中 HAAs 的浓度调查，对评价我国饮用水中 HAAs 导致的健康风险、优化饮用水消毒工艺及修订我国 HAAs 的饮用水标准具有重要意义。

4.2 卤乙酸的健康风险评价

本节采用 US EPA 的风险评价和管理框架对我国 HAAs 饮水暴露的健康风险进行评估。9 种 HAAs 均不存在人类流行病调查数据，MCAA、DCAA、TCAA 和 DBAA 有动物毒性数据。在全国 HAAs 的监测数据中，DBAA 的检出率和检出浓度均不高，MCAA 在一个出水样品中检出。因此，本节只对 DCAA 和 TCAA 进行健康风险评价，主要包括三个部分，即暴露评价、毒性评价和风险计算。

4.2.1 暴露评价

此次调查覆盖了我国 35 个主要城市 127 座自来水厂出水中的 9 种 HAAs 的浓度数据。经 ProUCL Version 4.00.02 软件对 TCAA 的未检出值进行处理，并使用 Crystal Ball v7.3.1 软件中的蒙特卡罗法进行模拟计算，得出全国自来水厂出水中的 DCAA 和 TCAA 浓度符合对数正态分布。DCAA 的几何均值和几何标准方差分别为 3.20×10^{-3} 和 2.44，分布函数如式（4-1）所示。TCAA 的几何均值和几何标准差分别为 2.01×10^{-3} 和 3.37，分布函数如式（4-2）所示。

$$f(x)=\frac{1}{\sqrt{2\pi}x\ln(2.44)}e^{\frac{-[\ln(x)-\ln(0.0032)]^2}{2[\ln(2.44)]^2}} \tag{4-1}$$

$$g(x)=\frac{1}{\sqrt{2\pi}x\ln(3.37)}e^{\frac{-[\ln(x)-\ln(0.00201)]^2}{2[\ln(3.37)]^2}} \tag{4-2}$$

根据 DCAA 和 TCAA 的浓度分布及式（2-1），可以计算饮水途径的 DCAA 和 TCAA 的口腔摄入量。

4.2.2 毒性评价

毒性评价主要是通过毒性数据确认毒性终点及剂量-效应关系。大多数化学物质可能呈现多种毒性终点，因此，能够获得不同的剂量-效应关系。

4.2.2.1 致癌性判断

首先，需要判断化学物质是否为致癌物质。对 DCAA 及 TCAA，目前没有足够的流行病调查数据证明其是人类致癌物质。因此，需要依据遗传毒性测试和动物实验暴露结果进行判断。

（1）遗传毒性测试

体外遗传毒性测试通常包括至少两种测试，最好选择三个不同的测定终点：①基于原核生物的测试；②基于真核细胞的测试，最好测试 DNA 损伤或者测试 DNA 加合物；③染色体损伤测试。当三种测试中有两种测试结果是阳性时，可以认为该物质具有遗传毒性；当三种测试结果都为阴性时，证明没有遗传毒性。如果上述短期实验证明某一物质为阳性，则在长期动物测试之前，需要进行体内遗传毒性实验，如老鼠骨髓微核测试等。若为阴性，则对啮齿动物属于非遗传毒性的可能性较高[41]。

1）DCAA。2003 年，US EPA 总结了 DCAA 遗传毒性的各种研究发现，鼠伤寒沙门氏菌回复突变实验、哺乳动物细胞 DNA 链断裂实验和鼠淋巴瘤细胞正向突变实验的结论不一致。有研究认为，DCAA 在高剂量下可以显著增加大肠杆菌噬菌体原诱导[42]，但该发现并没有得到其他研究的确认。在细菌回复突变实验中，TA98 菌株的回复率轻微上升；TA100 菌的 Ames 实验出现明显的阳性结果，但该结果没有被其他研究重现。在使用老鼠肝细胞的 DNA 链断裂实验中，暴露于较高浓度 DCAA 4h 后，DNA 链断裂轻微上升（7%），而在稍低浓度下，大鼠肝细胞和人 CCRFCEM 细胞暴露结果均为阴性[43]。在 L5178Y 小鼠淋巴瘤细胞正向突变实验中，在不存在 S9 的情况下，染色体畸变呈现阳性[26]。DNA 修复实验中，PQ37 大肠杆菌在不存在 S9 的情况下呈阳性[25]。

DCAA 的体内实验结果也不一致：在鼠微核实验、小鼠或大鼠 DNA 链断裂实验和 DNA 加合实验中均没有一致的遗传毒性结果[15,25]。小鼠一次性暴露于 13mg/kg 和 10mg/kg 的 DCAA 后，其肝细胞的 DNA 链断裂实验呈阳性[44]，但暴露于更高剂量 DCAA 7 ~ 14 天，其肝细胞 DNA 链断裂实验结果则呈阴性[43]。DNA 加合实验中，小鼠一次性填喂 300mg/kg 的 DCAA 后，测试结果呈显著阳性[45]，但小鼠暴露于 540mg/(kg · d) 的 DCAA 10 周后，DNA 加合实验结果则为阴性[15]。有研究认为，在 mg/L 的 DCAA 水平下，可以在 L5178Y 小鼠淋巴瘤细胞体内实验中同时诱导基因突变和染色体畸形[26]，这一实验结果表明，DCAA 具有遗传毒性。Leavitt 等将转基因小鼠饮用水暴露于 DCAA，剂量为 190mg/(kg・d)和664mg/(kg・d)，在4周或10周后，两个剂量组均没有诱导 lacI 基因突变的上升；60周后，两个浓度均导致该位点基因突变明显增加[46]。

以上体内和体外遗传毒性测试结果表明，DCAA 的高剂量暴露可以致基因突变和染色体畸变。体内暴露实验中 DCAA 导致的基因突变与肿瘤发生有关。因此，US EPA 认为 DCAA 是弱遗传毒性物质。

2）TCAA。TCAA 遗传毒性的研究包括多种体外和体内遗传毒性测试方法。在不存在细胞响应毒性的浓度下，大多数鼠伤寒沙门氏菌回复突变实验的结果为阴性[27,42,47]。小鼠淋巴瘤细胞正向突变实验也只在细胞响应毒性的浓度水平才能被诱导[26]。在未经代谢活化的鼠伤寒沙门氏菌回复突变实验中，TCAA 不具有致突变性[47]。在 SOS 显色实验中，TCAA 没有显示出遗传毒性[25]。使用细菌的 DNA 修复实验结论也不一致。有研究认为，TCAA 可以诱导鼠伤寒沙门氏菌的 DNA 修复，在大肠杆菌的实验中则不能[25]。

TCAA 遗传毒性体内测试的结果也不一致。只在少数的研究中，TCAA 可以诱导肝脏中 DNA 链断裂和染色体损伤[25,44]。TCAA 可以在一次剂量后诱导 DNA 氧化损伤，但在重复给药3周或10周后则不能[15]，说明 DNA 可能得到了有效修复。有研究发现，TCAA 暴露后，小鼠体内 H-ras 基因的突变率和突变谱与对照组相似，表明 TCAA 并不是直接通过该位点的 DNA 损伤导致肿瘤。

以上体外和体内毒性测试结论不一，US EPA 和 WHO 等不同机构对 TCAA 遗传毒性的判断结果也不一致。WHO 认为，TCAA 不是潜在的致基因突变物质，也不具备结构上致基因突变的威胁；而 US EPA 则认为，TCAA 是弱的遗传毒性物质。本节考虑到以下因素：①TCAA 体外毒性测试的阳性结果在浓度达到发生细胞毒性时才出现；②TCAA 暴露后出现肿瘤的小鼠的 H-ras 基因并未出现与暴露相关的突变效应。因此，本研究最终参考 WHO 的结论，认为 TCAA 不具有明确的遗传毒性。

（2）动物致癌毒性研究

遗传毒性测试方法是潜在致癌物质筛选非常有用的方法，但是，遗传毒性实验不能检测所有的致癌物质，因为人类和动物还存在其他的致癌机理，因此，最终还需要用动物实验证明某物质是否致癌。表4-2 和表4-3 分别总结了 DCAA 和 TCAA 的动物致癌的毒性数据。DCAA 的不同研究中，相近剂量的致癌结论基本一致；DCAA 导致大鼠和小鼠出现肿瘤的位置一致。此外，DCAA 致癌性存在明确的剂量-效应关系。充分的证据表明，DCAA 是明确的动物致癌物质。TCAA 的动物暴露研究发现其只能对小鼠致癌，而不能对大鼠致癌；并且，患肝癌的小鼠体内的 K-基因和 H-ras 基因没有发生与其暴露相关的突变效应，因此，WHO 认为 TCAA 可能是促癌剂而不是直接的致癌物质。

表 4-2　DCAA 的动物致癌毒性数据

物种	暴露时间	暴露剂量/[mg/(kg·d)]	暴露组发生率	对照组发生率	参考文献
雄性 B6C3F1 小鼠	61 周	0 和 1000	肝癌为 81%	—	[48]
雄性 B6C3F1 小鼠	104 周	0 和 88	肝癌为 63%； 肝腺瘤为 42%； 囊肿增生为 8%	肝癌为 10%； 肝腺瘤为 5%； 囊肿增生为 0	[49]
雄性 B6C3F1 小鼠	90 ~ 100 周	0、8、84、168、315 和 429	52 周时，两个最高剂量组的肝癌发生率为 20% 和 50%； 78 周时，两个最高剂量组的肝癌发生概率为 50% 和 70%； 实验结束时三个最高剂量组肝癌发生率为 71%，95% 和 100%	52 周时，肝癌为 0； 78 周时，肝癌为 10%； 实验终止时，肝癌为 26%	[13]
雌性 B6C3F1 小鼠	51 周和 82 周	0、40、115 和 330	51 周时，最高剂量下，病灶为 40%；肝腺瘤为 35%；肝癌为 40%； 82 周时，115mg/(kg·d) 剂量下，病灶为 39.3%；肝癌为 25%；总损伤为 39.3%； 82 周时，330mg/(kg·d) 剂量下，肝细胞灶改变为 89.5%；肝腺瘤为 84.2%；总损伤为 89.5%； 肝癌概率增加仅在最高剂量组暴露 82 周后出现统计学上显著意义。总损伤（肝细胞灶改变、肝腺瘤或者肝癌）在暴露 51 周的最高剂量组及暴露 82 周中间组和最高剂量组出现具有统计学意义的增加	51 周时，肝癌为 0； 82 周时，总损伤为 11.1%	[50]
雄性 Fischer 344 大鼠	104 周	0、4、40 和 296	60 周时，最高剂量组出现增生性囊肿为 70%；肝腺瘤为 26%；肝癌为 4%； 104 周时，40mg/(kg·d) 剂量组出现增生性囊肿为 10%；肝腺瘤为 21%；肝癌为 10%	104 周时，肝腺瘤为 4%	[51]
雄性 Fischer 344 大鼠	100 周	0、3.6 和 40.2	40.2mg/(kg·d) 剂量组出现肝腺瘤和肝癌为 24.1%；增殖损害为 34.9%	肝腺瘤和肝癌为 4.4%； 增殖损害为 8.7%	[52]

表 4-3 TCAA 的动物致癌毒性数据

物种	暴露时间	暴露剂量 /[mg/(kg·d)]	暴露组发生率	对照组发生率	参考文献
雄性大鼠	104 周	0、3.6、32.5 和 364	没有发现致癌性	—	[11]
B6C3F1 小鼠	37 周或 52 周	0、178 和 319	雄性为 100%；雌性为 0	0	[48]
雄性 B6C3F1 小鼠	60 周	0、8、71 和 595	两个高剂量组，肝肿瘤为 37.9% 和 55.2%	肝肿瘤为 13.3%	[53]
雄性 B6C3F1 小鼠	61 周	0、400 和 1000	最高剂量组出现肝腺瘤为 36%；肝癌为 32%	肝腺瘤为 9%；肝癌为 0	[54]
雌性 B6C3F1 小鼠	51 周和 82 周	0，78、262 和 784	最高剂量组暴露 51 周后，肝癌为 25%。其他组中均未出现。82 周后，该组小鼠出现肝细胞灶改变、肝腺瘤和癌症概率明显增加。262mg/(kg·d) 剂量组暴露 82 周后，出现肝细胞灶改变和癌症概率明显增加。染色后显示这些损伤主要是嗜碱性或嗜碱/嗜酸混合性，缺乏谷胱甘肽-S-转移酶-pi，并与过氧化酶受体增殖介入肿瘤一致	肝癌为 0	[50]

通过以上遗传毒性测试和动物毒性暴露数据可知，DCAA 是弱遗传毒性物质和明确的动物致癌物质（表 4-2），目前其令人类致癌的证据还不充分，因此，IARC、WHO 和 US EPA 均认定其为可能的人类致癌物质。现有的遗传毒性研究还不能认定 TCAA 是否具有明确的遗传毒性，根据其动物毒性暴露数据（表 4-3），WHO 认为其是促癌剂而不是致癌物质，IARC 认为其不能作为人类致癌物质，US EPA 则认为其具有潜在的致癌性，但不足以评价人类致癌风险。

4.2.2.2 剂量-效应关系解析

1）DCAA。综合以上毒性评价，DCAA 被认为是可能的人类致癌物质，因此，采用无阈值的致癌风险评价方法，需要确定其剂量-效应关系，并计算致癌斜率因子。由于无法获得体内浓度，采用摄入量与毒性效应之间的剂量-效应关系曲线。选用的数据来自动物实验，其暴露浓度往往很高，但人类对化学物质的暴露过程往往是低剂量、长时间的，因此，有必要通过实验动物外推计算人类致癌斜率因子。目前有多种从高剂量外推到低剂量的模型，US EPA 采用多阶段致癌模型。该模型在低剂量范围内剂量-效应关系可以用直线关系表示，其斜率 SF 表示化学物质的致癌强弱，即致癌斜率因子。

根据最新的毒性数据，选用 B6C3F1 小鼠饮用水暴露于 DCAA 100 周（终身暴露）后导致肝癌和肝腺瘤概率增加的毒性数据［暴露剂量分别为 0mg/(kg·d)、8.0mg/(kg·d)、84mg/(kg·d)、168mg/(kg·d)、315mg/(kg·d)、429mg/(kg·d)］（表 4-4）[13]，参考 US EPA 对 DCAA 进行的风险评价。人和动物由于存在生理上的差别，在相同剂量化学物质下会表现出不同的毒性效应，需要进行剂量换算。本节采用 US EPA 推荐的体表面换算方法将动物暴露剂量外推到人体，然后经 BMDs 软件处理，选择拟合最有统计学意义的模型计算 BMD、$BMDL_{10}$ 和 SF。

表 4-4 DCAA 致癌风险评价选用的毒性数据

水中浓度 (g/L)	小鼠数量（只）	100 周时平均体重（g）	剂量［mg/(kg·d)］		100 周患肝癌的老鼠		100 周患肝腺瘤的老鼠		100 周患肝癌或肝腺瘤的老鼠	
			小鼠	HED[b]	比例（%）	数量（只）	比例（%）	数量（只）	比例（%）	数量（只）
0	50	43.9	0	0	26	13	10	5	36	18
0.05	33	43.3	8.0	1.3	33	11	3	1	33	11
0.5	25	42.1	84	13.7	48	12	20	5	56	14
1.0	35	43.6	168	27.6	71	25	51	18	86	30
2.0	21	36.1	315	49.3	95	20	43	9	100	21
3.5[a]	11	36.0	429	67.1	100	11	45	5	100	11

注：a 最高剂量在使用 BMDs 软件处理时被舍弃，因为它接近最大耐受剂量；b 人类等效剂量，HED［mg/(kg·d)］= Dose in animals［mg/(kg·d)］×$(BW_{animal}/BW_{human})^{0.25}$，指数 0.25 可能根据不同基于体重或者体表面积插值有所不同，人的平均体重认为是 60kg。

多阶段致癌模型拟合结果最具统计学意义（图 4-1），其 BMD 和 $BMDL_{10}$ 分别为 7.1mg/(kg·d) 和 2.1mg/(kg·d)。由 $BMDL_{10}$ 计算得到的 SF 为 0.048 $[mg/(kg \cdot d)]^{-1}$，换算成饮用水中的浓度单位，其剂量-效应关系曲线如式（4-3）所示。

$$p(x) = 0.048 \times 2/60x = 0.0016x \tag{4-3}$$

式中，x 为 DCAA 浓度（mg/L）；60 为 WHO 使用的成人平均体重（kg）；2 为日平均饮用水量（L）；0.048 为 SF 系数 $[mg/(kg \cdot d)]^{-1}$。

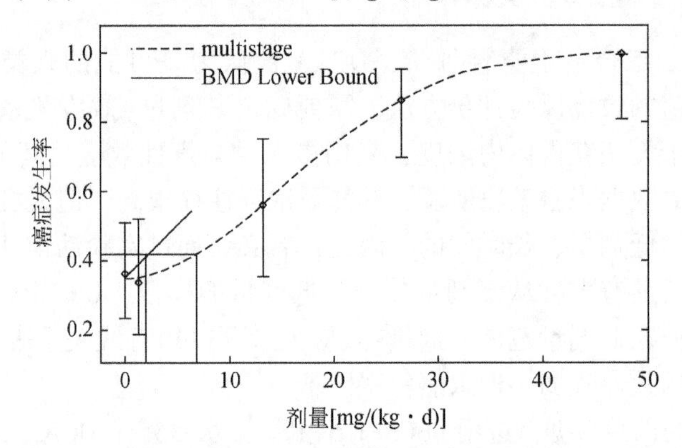

图 4-1　DCAA 致癌剂量-效应关系曲线

2）TCAA。经毒性评价，认为现有证据不足以评价其人类致癌风险，因此，采用有阈值的非致癌物质风险评价方法来计算其安全值。由于单独采用 NOAEL 值作为安全值存在很大的不确定性，非致癌化学物质的风险评价过程往往在 NOAEL、LOAEL 或 BMD 的基础上，结合几种类型的不确定性系数计算获得日可耐摄入量（tolerable daily intake，TDI）或 RfD，如式（2-16）所示。

健康风险评价中使用的动物数据最好是长期的毒性暴露数据，特别是终身暴露数据。从安全的角度出发，一般选择最严格的 NOAEL 或 LOAEL 来计算安全值。TCAA 存在大鼠终身暴露毒性数据[11]，且其获得的 NOAEL［32.5mg/(kg·d)］较低。WHO 的《饮用水水质标准》(第三版）中选用该毒性数据制定 TCAA 的健康指导值，如式（4-4）、式（4-5）所示。

$$TDI = NOAEL/UF = 32.5/1000 = 0.0325 mg/(kg \cdot d) \tag{4-4}$$

$$\text{Guideline Value} = 20\% \times TDI \times 60/2 = 0.2 mg/L \tag{4-5}$$

式中，UF 包含种间差和种内差为 100，数据缺乏为 10（缺乏多代生殖毒性研究及第二物种的发育研究和完整的组织病理学研究）；20% 为饮用水途径对 TCAA 总摄入量的贡献率；60 为 WHO 使用的成人平均体重（kg）；2 为日平均饮用水量（L）。

US EPA 也采用同样的毒性数据，计算得到 TCAA 的 RfD，其值等于 WHO 的

TDI [0.0325mg/(kg · d)]，但在计算污染物的最高浓度目标（MCLG）时，考虑到 TCAA 的可能致癌性，设定额外的安全系数为 10，如式（4-6）所示。

$$MCLGS = 20\% \times RfD \times 70/(2 \times 10) = 20\mu g/L \quad (4\text{-}6)$$

本节采用 US EPA 的 MCLG 作为 TCAA 的安全值。

4.2.3 风险计算

4.2.3.1 DCAA 的风险计算

致癌物质的风险大小往往用发生概率进行描述，其基本计算如式（2-17）所示。环境中的致癌物质浓度往往较低，而无阈值的致癌物质在低浓度范围内往往采用低剂量线性外推。因此，计算人群暴露量和线性剂量关系的累积积分可以得到人群致癌风险[55]，如式（4-7）所示。

$$Risk = \int_0^{+\infty} f(x)p(x)\,dx \quad (4\text{-}7)$$

将 DCAA 对应的 $f(x)$ 和 $p(x)$ 带入式（4-7），可计算得到我国自来水中 DCAA 的终身致癌风险的期望值为 7.47×10^{-6}，US EPA 规定癌症风险的限制区间为 $10^{-6}\sim10^{-4}$[56]，因此，DCAA 处于一个比较低的风险水平。

4.2.3.2 TCAA 的风险计算

对 TCAA，通过计算暴露浓度超过安全值的概率来评估 TCAA 非致癌健康风险的大小。根据 TCAA 浓度的频数分布，通过 Crystal Ball v7.3.1 软件可得到全国自来水厂出厂水中 TCAA 浓度超过 20μg/L 健康指导值的比例仅为 1.7%（图 4-2），说明我国自来水中 TCAA 的非致癌健康风险水平较低。

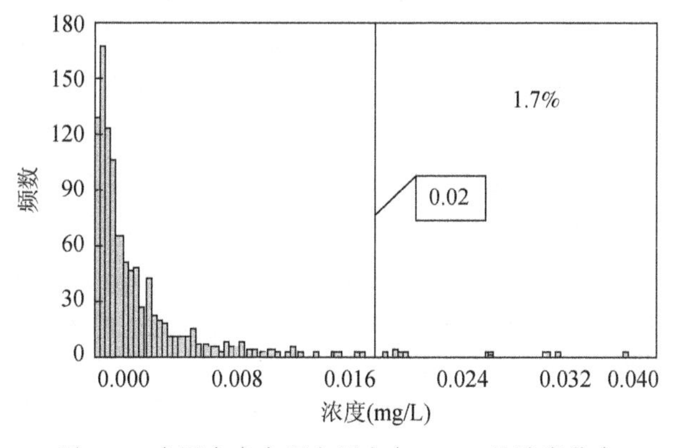

图 4-2　全国自来水厂出厂水中 TCAA 的浓度分布

4.3 对我国卤乙酸饮用水标准修订的建议

《生活饮用水卫生标准》（GB 5749—2006）是以保护人群健康和保证人类生活质量为出发点，对饮用水中与人群健康相关的各种因素以法律的形式做出量值规定，以及为实现量值所做的有关行为规范的规定。强制性的饮用水标准的实施是控制饮用水中污染物健康风险最有效的措施，在饮用水安全管理中处于主导地位。

由于 HAAs 对人类具有潜在健康风险，世界上许多国家都为其制定了饮用水标准或健康指导值。本节首先对目前世界上主要 HAAs 饮用水标准的制定过程进行对比并分析其异同点；然后，分析我国现行 HAAs 饮用水标准存在的问题；最后，结合 HAAs 浓度调查和风险评价的结果对我国 HAAs 饮用水标准修订提出建议。

4.3.1 卤乙酸的饮用水标准制定过程

4.3.1.1 US EPA 的标准制定

US EPA 采用 HAA5 的形式制定 HAAs 的饮用水标准。但是，由于毒性数据不足，HAA5 中只有 MCAA、DCAA 和 TCAA 通过风险评价制定的最大污染水平目标（MCLGs）。US EPA 在第一阶段 DBPR 中制定了 DCAA 和 TCAA 的 MCLGs，分别为 0 和 300μg/L[29]，在第二阶段 DBPR 中为 MCAA 制定了 30μg/L 的 MCLG，将 TCAA 的 MCLG 修改为 20μg/L[30]。

1）MCAA。由于到目前为止没有任何数据表明 MCAA 具有致癌活性，US EPA 采用非致癌风险评价的方法计算 MCAA 的健康指导值[29]。其采用雄性大鼠饮用水暴露于 MCAA 两年后导致脾脏绝对、相对重量增加的毒性数据获得的 LOAEL 为 3.5mg/(kg · d)[11]，由此计算 RfD 和 MCLG。

$$\mathrm{RfD} = \mathrm{LOAEL}/\mathrm{UF} = 3.5/1000 = 0.004\mathrm{mg}/(\mathrm{kg}\cdot\mathrm{d})$$

$$\mathrm{MCLG} = 20\% \times \mathrm{RfD} \times 70/2 = 0.0245\mathrm{mg/L}$$

式中，UF 包含种内差为 10、种间差为 10，使用 LOAEL 代替 NOAEL 为 3，数据缺乏为 3；20% 为饮用水暴露途径对 MCAA 总摄入量的贡献率；70 为成人平均体重（kg）；2 为日平均饮用水量（L）。

2）DCAA。在对 DCAA 进行风险评价的过程中，US EPA 搜集整理了大量 DCAA 的致癌和非致癌毒性数据[28]。在评价非致癌风险时，选用狗经口暴露于

DCAA 90 天导致大脑、小脑和肝脏损伤的毒性数据来计算其 RfD，其中，最低的 LOAEL 为 12.5mg/(kg · d)[14]。

$$RfD = LOAEL/UF = 12.5/3000 = 0.0042mg/(kg \cdot d)$$

式中，UF 包含种内差为 10、种间差为 3，使用 LOAEL 代替 NOAEL 为 10，使用数据来自非终生暴露研究为 3，数据缺乏为 3。

DCAA 的致癌风险评价选用 B6C3F1 小鼠饮用水暴露于 DCAA 100 周后导致肝癌和肝腺瘤概率增加的毒性数据[13]，根据最佳模型 Multistage，获得 BMD 和 $BMDL_{10}$ 分别为 6.9mg/(kg · d) 和 2.1mg/(kg · d)。由 $BMDL_{10}$ 计算得到致癌斜率因子为 0.048 $[mg/(kg \cdot d)]^{-1}$。

由于有充分的证据证明 DCAA 是很可能的人类致癌物质，US EPA 最终为其制定的 MCLG 为 0[28]。

3）TCAA。US EPA 采用非致癌风险评价方法计算 TCAA 的 MCLG[13,30]，计算方法与 MCAA 相似。

第一阶段 DBPR 中[29]，USEPA 选择怀孕大鼠填喂 TCAA 6～15 天，导致仔鼠体重降低、软组织畸形和心血管畸形增加等发育毒性的数据，获得 LOAEL 为 330mg/(kg · d)[19]，RfD 的计算如下：

$$RfD = LOAEL/UF = 330/3000 = 0.11mg/(kg \cdot d)$$

$$MCLG = 80\% \times RfD \times 70/2 = 0.308mg/L$$

式中，UF 包含种间差为 10、种内差为 10，使用 LOAEL 代替 NOAEL 为 10，数据缺乏为 3；80% 为饮用水暴露途径对 TCAA 总摄入量的贡献率，饮用水的贡献率不同物质有所不同，取决于不同暴露途径经口、皮肤和呼吸等途径的摄入相对量；70 为成人平均体重（kg）；2 为日平均引用水量（L）。

第二阶段 DBPR 中[57]，US EPA 选择了大鼠饮用水暴露于 TCAA 两年后导致发育毒性和可能致癌性的毒性数据，获得 NOAEL 为 32.5mg/(kg · d)，RfD 的计算如下：

$$RfD = NOAEL/UF = 32.5/1000 = 0.0325mg/(kg \cdot d)$$

$$MCLG = 20\% \times RfD \times 70/(2 \times 10) = 0.02mg/L$$

式中，UF 包含种间差为 10、种内差为 10，数据缺乏为 10（缺乏多代生殖毒性研究及第 2 物种的发育研究和完整的组织病理学研究）。在计算 MCLG 时，考虑到 TCAA 的可能致癌性，US EPA 设定额外的安全系数为 10。

4.3.1.2 WHO 的标准制定

WHO 在《饮用水水质标准》（第二版）中为 DCAA 和 TCAA 制定了临时健康指导值，在《饮用水水质标准》（第三版）的背景材料中详细介绍了 MCAA、

DCAA 和 TCAA 健康指导值的制定依据，并对 MBAA、DBAA 和 TCAA 进行了毒性数据的收集和整理[33,58]。

1）MCAA。WHO 为 MCAA 制定健康指导值时选用的毒性数据与 US EPA 相同，获得的 LOAEL 为 3.5mg/(kg·d)[11,33]，由此计算 TDI。

$$TDI = LOAEL/UF = 3.5/1000 = 3.5\mu g/(kg \cdot d)$$

$$Guideline\ Value = 20\% \times TDI \times 60/2 = 20\mu g/L$$

式中，UF 包含种间差和种内差为 100，用 LOAEL 代替 NOAEL 为 10；20% 为饮水暴露途径对 MCAA 总摄入量的贡献率；60 为 WHO 使用的成人平均体重（kg）；2 为日平均饮用水量（L）。

2）DCAA。WHO 在 1993 年发布的《饮用水水质标准》（第二版）和 2004 年发布的《饮用水水质标准》（第三版）中，采用非致癌风险评价方法为 DCAA 制定了临时健康指导值[32,33]。其选用雄性 B6C3F1 小鼠饮水暴露于 TCAA 75 周后导致肝脏重量增加的毒性数据[59]，获得 NOAEL 为 7.6mg/(kg·d)，由此计算 TDI。

$$TDI = NOAEL/UF = 7.6/1000 = 0.0076mg/(kg \cdot d)$$

$$Guideline\ Value = 20\% \times TDI \times 60/2 = 0.05mg/L$$

式中，UF 包含种间差和种内差为 100，可能的致癌性为 10。

2006 年，WHO 在《饮用水水质标准》（第三版）的修订版中对 DCAA 的限值虽然仍设为 50μg/L，但风险评价方法却改为致癌风险评价[60]，使用的毒性数据与 US EPA 对 DCAA 进行致癌风险评价时选择的数据相同[13]。WHO 同样使用 BMDs 软件中的线性多阶段模型，计算得到 DCAA 的致癌斜率因子为 0.0075 $[mg/(kg \cdot d)]^{-1}$。据此，结合 WHO 使用的成人平均体重（60kg）和日平均饮用水量（2L）计算出对应 10^{-5} 容许风险的饮用水中 DCAA 浓度为 40μg/L。但考虑到饮用水充分消毒的同时很难使 DCAA 浓度小于 40μg/L，所以，临时健康指导值设为 50μg/L[60]。

需要说明的是，US EPA 对 DCAA 进行致癌风险评价时利用同样的毒性数据得到的致癌斜率因子却是 0.048 $[mg/(kg \cdot d)]^{-1}$。两者的区别源于方法学的差异，USEPA 进行了老鼠剂量向人类剂量的外推，而 WHO 没有进行模型外推。

3）TCAA。WHO 的《饮用水水质标准》（第二版）选用小鼠暴露 52 周后实验导致肝重增加的毒性数据为 TCAA 制定健康指导值[32]。采用 NOAEL/LOAEL 方法，获得 LOAEL 为 178mg/(kg·d)[48]，TDI 和指导值的制定如下：

$$TDI = LOAEL/UF = 178/10\,000 = 17.8\mu g/(kg \cdot d)$$

$$Guideline\ Value = 20\% \times TDI \times 60/2 = 0.1mg/L$$

式中，UF 包含种间差和种内差为 100，可能的致癌性、短期实验及使用 LOAEL 代替 NOAEL 为 100。

WHO 的《饮用水水质标准》（第二版）为制定 TCAA 的健康指导值采用的非致癌毒性数据[33] 与 US EPA 的第二阶段 DBPR 相同，获得的 NOAEL 为 32.5mg/(kg·d)[11]。

$$TDI = NOAEL/UF = 32.5/1000 = 0.0325\ mg/(kg \cdot d)$$

$$Guideline\ Value = 20\% \times TDI \times 60/2 = 0.2mg/L$$

式中，UF 包含种间差和种内差为 100，数据缺乏为 10。

4）其他 HAAs。由于数据的缺乏，WHO 没有为其他 HAAs 制定健康指导值，但对 DBAA、MBAA 和 TCAA 进行了毒性终点总结[61]。三者都缺乏系统的亚慢性毒性或长期暴露毒性研究、毒性动力学研究、致癌研究、第二种动物的发育毒性研究和多代生殖毒性研究。目前的致基因突变数据表明，DBAA 具有遗传毒性；MBAA 和 TCAA 的致基因突变数据和遗传毒性数据有限，其中，MBAA 结果不一，TCAA 基本为阳性。

4.3.1.3 加拿大 HAAs 标准的制定

加拿大在制定 HAAs 标准时，首先单独计算了 MCAA、DCAA、TCAA 和 DBAA 各自的目标值。但考虑到技术上难以单独控制一种 HAAs，最终参考 US EPA 的方法为 HAA5 制定了 80μg/L 的最大污染物浓度。加拿大计算了此限值对应 HAAs 浓度下人类终身致癌风险为 $3.2 \times 10^{-5} \sim 4.8 \times 10^{-5}$（DBAA 不常检出且浓度很低，因此，致癌风险主要由 DCAA 产生，DCAA 浓度占总 HAAs 浓度的 40% ~ 60%），虽然超出了 10^{-5} 的容许致癌风险，但为了饮用水的充分消毒不得不做出妥协[35]。

1）MCAA。加拿大对 MCAA 进行风险评价选用的毒性数据与 US EPA 和 WHO 的相同[11]，但选择的毒性终点不同。加拿大选择的终点为身体、肝脏、肾脏和睾丸重量的增加，NOAEL 为 3.5mg/(kg·d)，而 US EPA 和 WHO 选择脾脏重量的增加为终点。此差异影响了后续 UF 的取值，导致了 TDI 和健康指导值的差异。

$$TDI = NOAEL/UF = 3.5/300 = 11.7\mu g/(kg \cdot d)$$

$$Guideline\ Value = 20\% \times TDI \times 70/1.5 = 0.1mg/L$$

式中，UF 包含种间差为 10、种内差为 10，数据缺乏为 3；20% 为饮用水暴露对 MCAA 总摄入量的贡献率；70 为成人平均体重（kg）；1.5 为日平均饮用水量（L）。

2）DCAA。加拿大采用致癌风险评价的方法计算 DCAA 的目标值，数据选择与 US EPA 和 WHO 的相同[13]，同样使用线性多阶段模型对毒性数据进行处理，计算出 DCAA 的单位致癌风险（即人终身饮用含 DCAA 浓度为 1μg/L 的水患癌症的风险）为 1.02×10^{-6}。利用此值可计算出 10^{-5} 的容许致癌风险下饮用水中 DCAA 的浓度为9.81μg/L。此计算过程与 US EPA 的基本一致，差别仅在于老鼠剂量向人类剂量转换时，加拿大选用 43.9 g 作为老鼠的平均体重，而 US EPA 采用每种剂量对应的老鼠体重进行计算。此外，加拿大选用的日平均饮用水量为1.5L，而 US EPA 为2L。

3）TCAA。加拿大对 TCAA 的 TDI 的计算过程和结果与 WHO 完全相同，为0.0325mg/(kg·d)，健康指导值的不同仅在于两者选用的日平均饮用水量和成人平均体重不同。

$$\text{Guideline Value} = 20\% \times \text{TDI} \times 70/1.5 = 0.3\text{mg/L}$$

4）DBAA。DBAA 的致癌风险评价选用了大鼠和小鼠饮用水暴露于 DBAA 两年后，导致小鼠肝脏和肺肿瘤、雄性大鼠间皮瘤和雌性大鼠造血系统肿瘤的毒性数据[10]，采用与 DCAA 致癌风险评价相同的方法计算出 DBAA 的单位致癌风险为$0.14\times10^{-6}\sim4.26\times10^{-6}$（前者来自雄性大鼠间皮瘤，后者来自雄性小鼠肝腺瘤或肝癌）。由此计算出 10^{-5} 的容许致癌风险下饮用水中 DBAA 的浓度为 2.3 ~ 70.2μg/L，选用最保守的数据得到 DBAA 的健康指导值为2μg/L。

4.3.1.4 US EPA、WHO 和加拿大 HAAs 标准制定的比较

1）相同点。首先，三者对 HAAs 进行的风险评价方法基本相同。对非致癌性的 MCAA 和 TCAA，均首先获得 NOAEL 值或 LOAEL 值，然后设定合理的 UF 计算出 TDI（RfD），再结合日平均饮用水量、成人平均体重和饮水贡献率等数据计算出 MCLG 或指导值。对致癌性的 DCAA，WHO、US EPA 和加拿大均使用线性多阶段模型计算其致癌斜率因子或单位致癌风险。其次，三者风险评价的数据选择基本一致，只有加拿大在制定 MCAA 指导值时，与 US EPA 和 WHO 选用了同一个毒性研究中的不同毒性终点。

2）不同点。首先，三者 HAAs 标准的制定形式不同，WHO 采用为单个物质制定健康指导值的形式，而 US EPA 和加拿大采用 HAA5 的形式。其次，三者标准制定过程中 UF 和成人平均体重、日平均饮用水量取值有差异。例如，WHO 和加拿大在制定 MCAA 健康指导值时，虽然选用的风险评价方法和数据都相同但结果却相差5倍，原因就在于 WHO 采用了 UF 为 1000（种间差和种内差为 100，用 LOAEL 代替 NOAEL 为 10），而加拿大的 UF 只有 300（种间差为 10，种内差为 10，数据缺乏为 3）；并且，WHO 使用的成人平均体重和日平均饮用水量取值分别为 60kg 和 2L，而加拿大的取值分别为 70kg 和 1.5L。其次，三者存在方法学上的差异，US EPA 和加拿大在确定剂量-效应曲线时都将动物剂量外推为人类剂量，而 WHO 并没有。最后，管理上的不同也是导致三者 HAAs 标准差异很重要的原因。例如，US EPA 鉴于 DCAA 对人类的可能致癌性，为其制定了 0 的

MCLG，而 WHO 和加拿大则是在 10^{-5} 的容许致癌风险下为其制定健康指导值；US EPA 为 TCAA 设定的 MCLG 约为 WHO 和加拿大 TCAA 指导值的 1/10，原因是鉴于 TCAA 的可能致癌性，其设定额外的安全系数为 10。

4.3.2 我国卤乙酸标准存在的问题

2006 年，我国卫生部和国家标准化管理委员会联合发布的《生活饮用水卫生标准》（GB 5749—2006）首次将 HAAs 纳入其中，其制定过程完全参考了 WHO 的《饮用水水质标准》（第二版）[32]，但缺乏我国饮用水中 HAAs 的实际浓度水平、组成等数据及风险评价的支撑。

对 DCAA，WHO《饮用水水质标准》（第二版）健康指导值的制定过程采用了非致癌毒性数据。但是目前的研究表明，存在充分证据证明 DCAA 是动物致癌物质和可能的人类致癌物质，因此，US EPA、WHO 和加拿大的最新饮用水标准均是依据 DCAA 的致癌风险评价结果而制定。根据致癌物质风险评价方法，用式（2-18）可以计算我国 DCAA 的现有标准值 50μg/L 所对应的致癌风险为 8×10^{-5}，为可接受风险水平的 8 倍，因此，即使饮用水中 DCAA 达标仍然可能导致较高的风险水平。

对 TCAA，目前已存在动物的终生暴露毒性数据[60]，可获得更低的 LOAEL。所以，有必要选用新的更合理的毒性数据并结合我国饮用水中 HAAs 的实际状况对现有标准进行修订。

4.3.3 对我国标准修订的建议

通过以上对我国 HAAs 饮用水标准存在问题的分析可知，我国现行饮用水标准过于宽松，而且制定过程存在不科学性，因此，需要采用更合理的毒性数据和更科学的方法对标准进行修订。本节根据 HAAs 健康风险评价的结果，参考世界上 HAAs 主要饮用水标准的制定过程，从纳入物质种类和标准限值大小两方面对我国饮用水标准修订提出建议。

目前，9 种 HAAs 中 MCAA、DCAA、TCAA 和 DBAA 存在满足标准制定的毒性数据。而结合我国自来水厂 HAAs 调查数据，MCAA 只在一个样品中检出，DBAA 的检出率仅为 10.3%，且最高浓度仅为 4.96μg/L，因此，我国 HAAs 的饮用水标准只需保持现有标准，纳入 DCAA 和 TCAA 即可。

饮用水标准限值的制定是为了把饮用水中污染物的浓度控制在相对安全的水平，因此，要基于健康风险评价获得指导值。从保护人类健康的角度讲，污染物的浓度控制得越低越好，但由于污染物的控制和去除需要处理工艺、技术条件的改进和一定资金的投入，因此，控制目标的确定要与当前技术条件和经济情况相符合。目前，US EPA 的饮用水标准限值都是在综合考虑健康风险、技术水平和成本分析后确定的。由于数据限制，本节未进行成本分析，仅基于健康指导值和自来水厂的达标能力对 DCAA 和 TCAA 的标准限值提出建议。

1）DCAA。根据 DCAA 的致癌剂量-效应关系［式（4-3）］，在 10^{-5} 的可接受致癌风险水平时，其健康指导值为 6.3μg/L。结合全国自来水厂出水中 DCAA 的浓度数据，可计算出超出该健康指导值的自来水厂比例为 12.2%（图 4-3）。该比例相对较高，说明相对当前技术条件而言，该健康指导值过于严格。权衡饮用水充分消毒的要求和自来水厂达标能力的限制，该健康指导值应适当放宽。假定 2% 的超标率为可接受水平，利用 DCAA 浓度的频数分布，计算出对应的 DCAA 的浓度约为 16μg/L，建议将此值作为中国饮用水标准中 DCAA 的指导值。

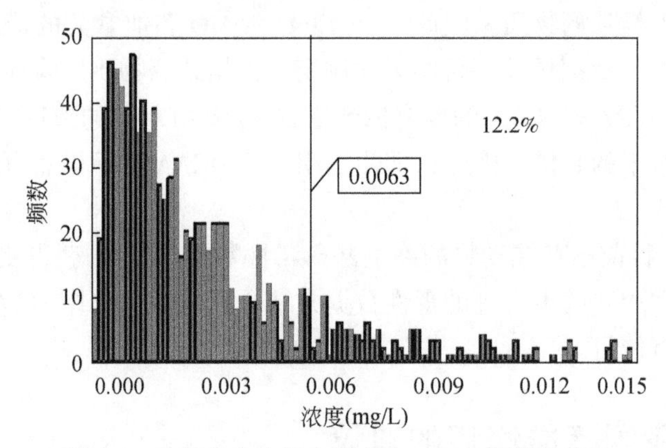

图 4-3　全国自来水厂出厂水中 DCAA 的浓度分布

虽然设定的 2% 的超标率已经相对严格，但还应对 DCAA 浓度超过 6.3μg/L 健康指导值的自来水厂做系统的调查研究，以评估 16μg/L 作为健康指导值的合理性。根据式（4-3），计算出 DCAA 为 16μg/L 时对应的致癌风险值为 2.59×10^{-5}，对目前的技术水平而言，该致癌风险处于相对可接受水平，但随着 DBPs 控制技术的提高，应进一步严格 DCAA 指导值。因此，应调查自来水厂超标是原水前驱物浓度过高还是处理技术及工艺的原因，并分析其降低 DCAA 技术及成本的可行性。基于健康风险评价设定标准的目的是为了保障饮用水安全，自来水厂现状要兼顾，但不能迁就。

2）TCAA。4.2.3.2 节已获得 TCAA 的饮用水健康指导值为 20μg/L。结合全国自来水厂出水中 TCAA 的浓度调查数据，算出自来水厂超过该值的概率仅为 1.7%（图 4-4），可见，该限值对目前我国自来水厂技术现状而言具有可实施性。因此，建议将该值作为饮用水标准中 TCAA 的指导值。

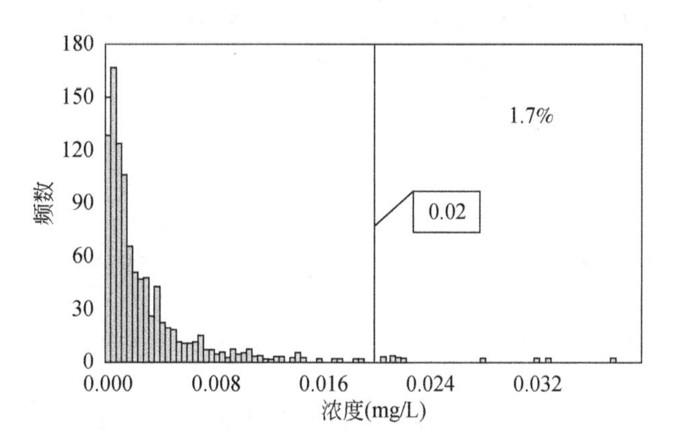

图 4-4　全国自来水厂出厂水中 TCAA 的浓度分布

4.4 结　　论

1）由于毒性数据和全国饮用水中 HAAs 检出率的限制，本章中只对 DCAA 和 TCAA 进行了健康风险评价。经毒性评价，选择 DCAA 的致癌毒性终点和 TCAA 的非致癌发育毒性来评估两者的健康风险。终身饮用我国饮用水，DCAA 导致人群的致癌风险的期望值为 7.74×10^{-6}，处于一个比较低的风险水平，处于 $10^{-6}\sim10^{-4}$ 的 US EPA 可接受水平。全国自来水厂出厂水中 TCAA 浓度超过 20μg/L 健康指导值的比例仅为 1.7%，说明 TCAA 的健康风险水平较低。

2）本章对 US EPA、WHO 和加拿大的 HAAs 饮用水基准制定过程进行了比较。三者均基于健康风险评价的方法，选用动物暴露实验数据来计算 HAAs 的健康指导值。但因毒性数据选择、方法学和标准制定的形式上的差别，标准限值的大小具有一定差异。

3）我国现行的 HAAs 饮用水标准存在一定的问题。基于 DCAA 和 TCAA 的全国健康风险评价结果及自来水厂的达标能力，建议分别以 16μg/L 和 20μg/L 作为我国 DCAA 和 TCAA 饮用水标准的健康指导值。

参考文献

[1] 刘文君. 给水处理消毒技术发展展望 [J]. 给水排水，2004，30（1）：2-5.

[2] Hrudey S E. Chlorination disinfection by-products，public health risk tradeoffs and me [J]. Water Research，2009，43（8）：2057-2092.

[3] Urbansky E T. Techniques and methods for the determination of haloacetic acids in potable water

[J]. Journal of Environmental Monitoring, 2000, 2 (4): 285-291.
[4] Hu J Y, Wang Z S, Ng W J, et al. Disinfection by-products in water produced by ozonation and chlorination [J]. Environmental Monitoring and Assessment, 1999, 59 (1): 81-93.
[5] Hunter Iii E S, Rogers E, Blanton M, et al. Bromochloro-haloacetic acids: Effects on mouse embryos in vitro and QSAR considerations [J]. Reproductive Toxicology, 2006, 21 (3): 260-266.
[6] ECETOC. Monochloroacetic acid (CAS No. 79-11-8) and its sodium salt (CAS No. 3926-62-3). Joint Assessment of Commodity Chemicals No. 38 [R]. Brussels: 1999.
[7] Woodard G, Lange S W, Nelson K W, et al. The acute oral toxicity of acetic, chloroacetic, dichloroacetic and trichloroacetic acids [J]. Journal of Industrial Hygiene and Toxicology, 1941, 23 (2): 78-82.
[8] Linder R E, Klinefelter G R, Strader L F, et al. Acute spermatogenic effects of bromoacetic acids [J]. Fundamental and Applied Toxicology, 1994, 22 (3): 422-430.
[9] IARC. Some drinking-water disinfectants and contaminants, including arsenic [J]. IARC Monographs on the Evaluation of Carcinogenic Risks to Humans, 2004, 84: 1-477.
[10] Melnick R L, Nyska A, Foster P M, et al. Toxicity and carcinogenicity of the water disinfection byproduct, dibromoacetic acid, in rats and mice [J]. Toxicology, 2011, 230 (2): 126-136.
[11] Deangelo A B, Daniel F B, Most B M, et al. Failure of monochloroacetic acid and trichloroacetic acid administered in the drinking water to produce liver cancer in male F344/N rats [J]. Journal of Toxicology and Environmental Health, 1997, 52 (5): 425-445.
[12] Sanchez I M, Bull R J. Early induction of reparative hyperplasia in the liver of B6C3F1 mice treated with dichloroacetate and trichloroacetate [J]. Toxicology, 1990, 64 (1): 33-46.
[13] Deangelo A B, George M H, House D E. Hepatocarcinogenicity in the male B6C3F1 mouse following a lifetime exposure to dichloroacetic acid in the drinking water: Dose-response determination and modes of action [J]. Journal of Toxicology and Environmental Health. Part A, 1999, 58 (8): 485-507.
[14] Cicmanec J L, Condie L W, Olson G R, et al. 90-Day toxicity study of dichloroacetate in dogs [J]. Fundamental and Applied Toxicology, 1991, 17 (2): 376-389.
[15] Parrish J M, Austin E W, Stevens D K, et al. Haloacetate-induced oxidative damage to DNA in the liver of male B6C3F1 mice [J]. Toxicology, 1996, 110 (1-3): 103-111.
[16] Johnson P D, Dawson B V, Goldberg S J. Cardiac teratogenicity of trichloroethylene metabolites [J]. Journal of the American College of Cardiology, 1998, 32 (2): 540-545.
[17] Smith M K. Statistical analysis of a developmental toxicity interaction study [J]. Teratology, 1992, 118: 488-489.
[18] Epstein D L, Nolen G A, Randall J L, et al. Cardiopathic effects of dichloroacetate in the fetal long-evans rat [J]. Teratology, 1992, 46 (3): 225-235.
[19] Smith M K, Randall J L, Read E J, et al. Teratogenic activity of trichloroacetic acid in the rat

[J]. Teratology, 1989, 40 (5): 445-451.

[20] 向红，吕锡武．饮用水中卤乙酸的生殖和发育毒性研究进展 [J]. 卫生研究，2008，37 (2): 242-244.

[21] Moser V C, Phillips P M, Mcdaniel K L, et al. Behavioral evaluation of the neurotoxicity produced by dichloroacetic acid in rats [J]. Neurotoxicology and Teratology, 1999, 21 (6): 719-731.

[22] Moser V C, Phillips P M, Levine A B, et al. Neurotoxicity produced by dibromoacetic acid in drinking water of rats [J]. Toxicological Sciences, 2004, 79 (1): 112-122.

[23] Mcgregor D B, Brown A, Cattanach P, et al. Responses of the L5178Y tk +/tk-mouse lymphoma cell forward mutation assay: III. 72 coded chemicals [J]. Environmental and Molecular Mutagenesis, 1988, 12 (1): 85-154.

[24] Plewa M J, Kargalioglu Y, Vankerk D, et al. Mammalian cell cytotoxicity and genotoxicity analysis of drinking water disinfection by-products [J]. Environmental and Molecular Mutagenesis, 2002, 40 (2): 134-142.

[25] Giller S, Le C F, Erb F, et al. Comparative genotoxicity of halogenated acetic acids found in drinking water [J]. Mutagenesis, 1997, 12 (5): 321-328.

[26] Harrington-Brock K, Doerr C L, Moore M M. Mutagenicity of three disinfection by-products: di-and trichloroacetic acid and chloral hydrate in L5178Y/TK< sup>+/-</sup>- 3. 7. 2C mouse lymphoma cells [J]. Mutation Research/Genetic Toxicology and Environmental Mutagenesis, 1998, 413 (3): 265-276.

[27] Kargalioglu Y, Mcmillan B J, Minear R A, et al. Analysis of the cytotoxicity and mutagenicity of drinking water disinfection by-products in Salmonella typhimurium [J]. Teratogenesis Carcinogenesis and Mutagenesis, 2002, 22 (2): 113-128.

[28] USEPA, Final draft for the drinking water criteria document on chlorinated acids/aldehydes/ketones/alcohols, 1994, US Environmental Protection Agency: Washington, DC.

[29] USEPA, Disinfectants and disinfection byproducts; national primary drinking water regulations: final rule, 1998, US Environmental Protection Agency: Washington, DC. Federal Register 63: 69390-69476.

[30] USEPA. National primary drinking water regulations: stage 2 disinfectants and disinfection by-products rule; National primary and secondary drinking water regulations: approval of analytical methods for chemical contaminants: proposed rule, 2003, US Environmental Protection Agency: Washington, DC. Federal Register 68: 49547.

[31] USEPA. 2011 edition of the drinking water standards and health advisories. EPA 820-R-11-002, 2011, US Environmental Protection Agency: Washington, DC.

[32] WHO. Guidelines for Drinking Water Quality, 2nd-ed [M]. Geneva: World Health Organization, 1993.

[33] WHO. Guidelines for Drinking Water Quality, 3nd-ed [M]. Geneva: World Health Organization, 2004.

[34] Matsuda K. Revision of drinking water quality standards in Japan [J]. Journal of Japan Socirty on Water Environment, 2004, 27 (1): 24-30.

[35] Canada H. Guidelines for Canadian Drinking Water Quality-Summary Table Ottawa [M]. Ontario: Federal-Provincial-Territorial Committee on Drinking Water of the Federal-Provincial-Territorial Committee on Health and the Environment, Health Canada, 2010.

[36] Nieminski E C, Chaudhuri S, Lamoreaux T. Occurrence of DBPs in Utah drinking waters [J]. Journal of the American Water Works Association, 1993, 85 (9): 98-105.

[37] Lebel G L, Benoit F M, Williams D T. A one-year survey of halogenated disinfection by-products in the distribution system of treatment plants using three different disinfection processes [J]. Chemosphere, 1997, 34 (11): 2301-2317.

[38] USEPA. Stage 2 occurrence assessment for disinfectants and disinfection byproducts (D/DBPs). Washington, DC: US Environmental Protection Agency, 2001.

[39] 刘勇建, 牟世芬, 林爱武, 等. 北京市饮用水中溴酸盐、卤代乙酸及高氯酸盐研究 [J]. 环境科学, 2004, 25 (2): 51-55.

[40] 李金燕, 金芬, 金晓辉, 等. 北方某城市饮用水处理中卤乙酸浓度水平的调查研究 [J]. 环境科学学报, 2005, 25 (8): 1091-1095.

[41] Verhaar H J, Van Leeuwen C J, Bol J, et al. Application of QSARs in risk management of existing chemicals [J]. SAR and QSAR in Environmental Research, 1994, 2 (1-2): 39-58.

[42] Demarini D M, Perry E, Shelton M L. Dichloroacetic acid and related compounds: induction of prophage in E. coli and mutagenicity and mutation spectra in Salmonella TA100 [J]. Mutagenesis, 1994, 9 (5): 429-437.

[43] Chang L W, Daniel F B, Deangelo A B. Analysis of DNA strand breaks induced in rodent liver in vivo, hepatocytes in primary culture, and a human cell line by chlorinated acetic acids and chlorinated acetaldehydes [J]. Environmental and Molecular Mutagenesis, 1992, 20 (4): 277-288.

[44] Nelson M A, Bull R J. Induction of strand breaks in DNA by trichloroethylene and metabolites in rat and mouse liver in *vivo* [J]. Toxicology and Applied Pharmacology, 1988, 94 (1): 45-54.

[45] Austin E W, Parrish J M, Kinder D H, et al. Lipid peroxidation and formation of 8-hydroxydeoxyguanosine from acute doses of halogenated acetic acids [J]. Fundamental and Applied Toxicology, 1996, 31 (1): 77-82.

[46] Leavitt S A, Deangelo A B, George M H, et al. Assessment of the mutagenicity of dichloroacetic acid in *lacI* transgenic B6C3F1 mouse liver [J]. Carcinogenesis, 1997, 18 (11): 2101-2106.

[47] Rapson W H, Nazar M A, Butsky V V. Mutagenicity produced by aqueous chlorination of organic compounds [J]. Bulletin of Environmental Contamination and Toxicology, 1980, 24 (1): 590-596.

[48] Bull R J, Sanchez I M, Nelson M A, et al. Liver tumor induction in B6C3F1 mice by dichloroacetate and trichloroacetate [J]. Toxicology, 1990, 63 (3): 341-359.

[49] Daniel F B, Deangelo A B, Stober J A, et al. Hepatocarcinogenicity of chloral hydrate, 2-chloroacetaldehyde, and dichloroacetic acid in the male B6C3F1 mouse [J]. Fundamental and Applied Toxicology, 1992, 19 (2): 159-168.

[50] Pereira M A. Carcinogenic activity of dichloroacetic acid and trichloroacetic acid in the liver of female B6C3F1 mice [J]. Fundamental and Applied Toxicology, 1996, 31 (2): 192-199.

[51] Richmond R E, Carter J H, Carter H W, et al. Immunohistochemical analysis of dichloroacetic acid (DCA)-induced hepatocarcinogenesis in male Fischer (F344) rats [J]. Cancer Letters, 1995, 92 (1): 67-76.

[52] Deangelo A B, Daniel F B, Most B M, et al. The carcinogenicity of dichloroacetic acid in the male Fischer 344 rat [J]. Toxicology, 1996, 114 (3): 207-221.

[53] USEPA. Toxicology of the chloroacetic acids, by-products of the drinking water disinfection process. II. The comparative carcinogenicity of dichloroacetic and trichloroacetic acid: implication for risk assessment. Washington, DC: US Environmental Protection Agency, 1991.

[54] Herren-Freund S L, Pereira M A, Khoury M D, et al. The carcinogenicity of trichloroethylene and its metabolites, trichloroacetic acid and dichloroacetic acid, in mouse liver [J]. Toxicology and Applied Pharmacology, 1987, 90 (2): 183-189.

[55] 胡建英，安伟，曹红斌，等. 化学物质的风险评价 [M]. 北京：科学出版社，2010.

[56] USEPA. Risk Assessment Guidance for Superfund. Volume I: Human Health Evaluation Manual (Part A) [M]. Washington, DC: US Environmental Protection Agency, 1989.

[57] USEPA. Toxicological review of dichloroacetic acid. In support of summary information on Integrated Risk Information System (IRIS). Washington, DC: US Environmental Protection Agency, 2003.

[58] WHO. Guidelines for Drinking-Water Quality, 4th-ed [M]. Geneva: World Health Organization, 2011.

[59] Deangelo A B, Daniel F B, Stober J A, et al. The carcinogenicity of dichloroacetic acid in the male B6C3F1 mouse [J]. Fundamental and Applied Toxicology, 1991, 16 (2): 337-347.

[60] WHO. Guidelines for drinking water quality, 1st addendum to 3rd-ed [M]. Geneva: World Health Organization, 2006.

[61] WHO. Brominated Acetic Acids in Drinking Water [M]. Geneva: World Health Organization, 2004.

|第 5 章| 饮用水中全氟化合物健康风险评价

5.1 全氟化合物研究现状

5.1.1 全氟化合物简介

全氟化合物（PFCs）是指碳链上的 H 原子被 F 原子取代以后的一系列有机化合物。由于其较强的表面活性剂特性，PFCs 被广泛应用于多种商业途径，包括衣物类、地毯、家庭纺织品、食品包装袋、造纸业和塑料制品。PFCs 近年来才因为其广泛分布性、生物富集性、生物毒性得到越来越多的重视[1]。C—H 被电负性极强的 F 原子（4.0，而 Cl 原子与 Br 原子分别只有 3.0 和 2.8）取代，形成的 C—F 键能极强，比 C—Cl 键键能还要高 25kcal/mol，导致 PFCs 具有很强的热稳定性、化学稳定性和生物稳定性[2]。因而，PFCs 通常具有很强的环境持久性。

根据官能团及性质的差异，环境中常见的 PFCs 主要可以分为以下几种类别（表 5-1）。

表 5-1　PFCs 分类及分子式

类别	结构（n=3-18）
羧酸类及其盐（PFOA）	$CF_3(CF_2)_nCOOH$
磺酸类及其盐（PFOS）	$CF_3(CF_2)_nSO_3H$
磺酰基（PFOSA）	$CF_3(CF_2)_nSO_3NH_2$
氟乙醇类（FTOHs）	$CF_3(CF_2)_nCH_2CH_2OH$

由于 C—F 键能的断裂生成需要很高的能量，PFCs 目前尚未发现天然来源，只能从人工合成而来。人类排放源又可以分为直接来源及间接来源，其中，直接来源是指当地的工业生产及直接排放。PFCs 生产过程是由 perfluorooctanesulfonyl fluoride（POSF）作为原料进而以此为基础生产一系列 PFCs 产品，然后被广泛用于食品包装和造纸业等多种行业（图 5-1）。

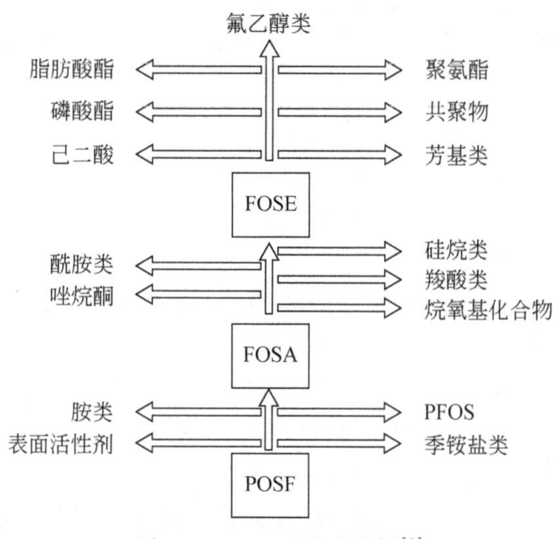

图 5-1　PFCs 工业生产树[3]

离子性的羧基官能团使得 PFCs 具有较好的水溶性，并且蒸气压较低，这使得 PFC 相对于其他 POPs 而言更倾向于分配于水体中，难以通过空气进行长距离迁移[4]。然而环境调查结果表明，PFCs 在偏远地区甚至在极地地区都有广泛的检出[5]。这一结果目前认为可能主要是由于前体物质（如 FTOHs 等）长距离迁移后降解成 PFCs，即为 PFCs 的间接来源[5]。正因为直接来源和间接来源的存在，PFCs 在全球范围的不同环境介质（包括沉积物、大气、野生生物）中也有广泛的检出[6-8]。除此之外，PFCs 在人体的不同暴露途径（包括饮用水、室内空气及食物）中也有广泛检出，进而进入人体当中[9-11]。而以往的研究也证实，PFCs 在不同国家和地区的人群血液中有广泛的分布，可能造成潜在的健康危害[12,13]。

5.1.2　全氟化合物毒性

动物实验证明，PFCs 具有多方面的毒性。例如，Lau 等对老鼠（大/小鼠）进行 PFOS 暴露研究，结果在 1～20mg/kg 的剂量范围内发现，随着暴露浓度的增加及暴露时间的延长，子代存活率显著降低[14]；Seacat 等发现恒河猴经口暴露 PFOS 后在 0.75mg/kg 剂量时出现体重下降、肝脏重量下降和血清雌二醇水平降低等毒性效应[15]；而 Austin 等对大鼠静脉注射 PFOS 后，暴露组也出现摄食量下降、体重下降和血清皮质酮上升等毒性效应[16]。尽管 PFCs 毒性在细胞分子水平上的作用机理并不清晰，但是目前的研究发现，过氧化物酶增殖激活受体（peroxisome proliferatior-activated receptor，PPAR）很有可能是介导其毒性作用的主要作用模式之一，包括调节脂质代谢，改变体内某些酶活性及酶水平，影响线粒体功能，引起过氧化物酶增生，诱导自由基产生从而导致 DNA 氧化损伤最终致癌等[17]。Vanden 等利用转染过的含有 PPAR/alpha 及荧光素酶报告基因的小鼠 3T3-L1 纤维原细胞对 PFOA 的 PPAR 结合活性进行研究，结果其 EC50 是 45μM①，比阳性对照物 Ciprofibrate 高约一个数量级[18]；而 Takacs 和 Abbott 利用类似的细胞转染方法对 PFOS 的 PPAR 结合活性进行研究，在相近的浓度区间同样发现明显的 PPAR 诱导现象[19]。

除了上述的动物毒性实验及体外实验结果，多项流行病调查结果也表明，PFCs 可能影响胆固醇、甲状腺激素水平及导致胎儿发育异常等[20-22]。尤其是胆固醇水平与 PFOS/PFOA 的暴露联系目前已经有大量的流行病调查结果证据。例如，Nelson 等对美国人群的 PFOA/PFOS 和胆固醇之间的关系进行调查，结果发现，与最低暴露水平相比，最高 PFOS 暴露浓度组的胆固醇升高 13.4mg/dL；而 PFOA 也发现类似的正相关的剂量-效应关系，其变化量是 9.8mg/dL[20]。Olsen 和 Zobel 研究了比利时 3M 工人 PFOA 职业暴露与胆固醇的关系，结果发现，血清中 PFOA 浓度高达 2210ng/mL，和高密度脂蛋白胆固醇浓度呈现显著负剂量-效应关系，而和总胆固醇有正相关关系但没有显著性（$p>0.05$）[23]。

5.1.3 全氟化合物的饮用水污染现状及相关环境政策

国内外关于全氟化合物（PFCs）在饮用水中的浓度水平已经有所研究，例如，在美国、日本、加拿大和西班牙等国家的饮用水中都有研究[9]。尽管不同地区的 PFCs 浓度组成不同，但是，在大多数国家和地区都以 PFOA 和 PFOS 检出率最高，浓度水平在未检出到几十纳克每升不等。例如，Mak 等调查了 PFCs 在瑞典、波兰、日本、德国、西班牙、意大利、印度、加拿大及美国饮用水中的污染水平，发现 PFOA 及 PFOS 的浓度在未检出至 18 ng/L[9]。

近些年，有关 PFCs 在我国饮用水中的分布也有不少研究。例如，Jin 等调查了我国 21 个城市饮用水中 PFOA 及 PFOS 的污染水平，结果发现，PFOA 及 PFOS 在我国的饮用水中广泛分布，PFOS 浓度为 0.1 ~ 14.8 ng/L，而 PFOA 浓度为 0.1 ~45.9ng/L[24]；Qiu 等则调查了太湖流域 12 个城市饮用水中的 PFOA 和 PFOS 浓度，结果发现，PFOA 和 PFOS 的浓度分别为 6.8 ~ 206ng/L 和 1.2 ~ 45ng/L[25]；而 YimLing 等测定了中国北京市等 10 座城市饮用水中的 PFOA、PFOS 及其他 PFCs 浓度，并同时测定了日本、印度、美国及加拿大等国家的浓

① 1M=1mol/dm^3（当以分子作为基本单元时）。

度，发现中国上海市的饮用水中 PFOA 浓度最高，总 PFCs 高达 130ng/L[9]。这些结果表明，我国饮用水中 PFCs 污染广泛存在，并且污染程度可能高于其他国家。然而，以往的研究往往局限于几个城市，甚至每个城市的采样个数只有 1 个，因而，有必要展开更加全面的环境调查。除此之外，以往的样品采集往往以用户为对象，因而，难以与饮用水源和自来水厂处理工艺等对应，很难对饮用水中 PFCs 污染的排放来源进行合理推断，难以为环境管理提供合理的决策依据。

国内外研究表明，PFCs 在饮用水中广泛存在，而饮用水可能是 PFCs 暴露的主要途径之一。正基于这一考虑，2009 年，US EPA 制定了 PFOA 及 PFOS 在饮用水中的基准值，分别为 400ng/L 和 200ng/L。如图 5-2 所示，饮用水中该类物质的基准制定需要毒性评价、贡献率及药代模型建立三方面的参数。对毒性评价部分，US EPA 认为，PFOA/PFOS 目前的人群调查结果还没有可靠的结论，因而，采用的是动物毒性数据。通过比较不同物种的不同毒性终点，最终选取小鼠的发育毒性作为毒性评价依据[26]。饮用水贡献率采用的是默认值 20%。药代模型的参数来自于职业工人的半衰期调查，为 1387 天[27]。UF 选用的是 10×3 = 30，主要是考虑到种内的个体敏感性（UF=10）及小鼠与人的毒代动力学差异（UF=3）。综合这三方面的参数，最终制定 PFOA 的饮用水健康指导值为 400ng/L。而 PFOS 基准制定的毒性数据则采用恒河猴的亚慢性毒性实验结果[15]，即令恒河猴经口暴露 0. 03mg/（kg · d）、0. 15mg/（kg · d）、0. 75mg/（kg · d）剂量的 PFOS，观测到死亡率增加、体重下降、肝脏重量上升、胆固醇水平及甲状腺水平下降等毒性效应。饮用水贡献率采用的是默认值为 20%。药代模型的参数来自于职业工人的半衰期调查，为 1971 天[27]。UF 选用的是 10×3 = 30，主要是考虑个体敏感性差异（UF = 10）及小鼠与人的毒代动力学差异（UF = 3）。综合以上参数，US EPA 最终将 PFOS 的饮用水健康指导值设定为 200ng/L。

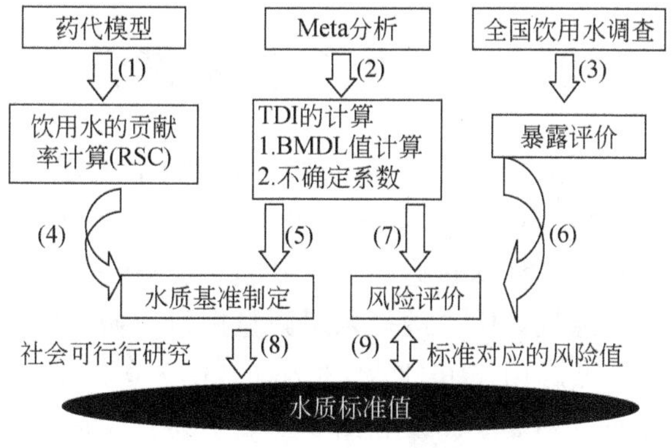

图 5-2 PFCs 健康风险值制定流程

从上述 US EPA 饮用水基准制定的流程可以发现，其计算结果存在很大的不确定性（及不准确性）：①对饮用水贡献率，没有充分考虑不同物质的差异性，将 PFOA 和 PFOS 的饮用水贡献率设定为默认值 20%，而实际上有研究表明，PFOA/PFOS 尤其是 PFOS 的贡献率可能远低于 20%[28]；②该制定过程没有很好地考虑药代模型的参数，仅采用了一篇文献的研究结果，实则不同的研究之间存在很大的差异。例如，Bartell 等根据饮用水处理工艺改善后人群血液 PFOA 下降速率推算出 PFOA 的人体半衰期为 839 天[29]，比 US EPA 采用的 1387 天低 70%；③毒性数据采用动物实验数据，存在较大的不确定性（UF=30）。鉴于以上不足，美国新泽西州 Tardiff 等撰文建议将 PFOA 饮用水基准值修改为 40ng/L[30]，主要作了如下修改：首先，利用饮用水高污染地区的血清浓度及饮用水浓度计算出血清与饮用水的 PFOA 浓度的相对比值为 100；其次，基于该比值计算新泽西州的饮用水贡献率为 25%；尽管 PFOA/PFOS 的致癌性还存在争议，Tardiff 等人仍然认为，USEPA 没有系统考虑动物毒性结果，尤其是没有考虑致癌终点的毒性，因而，Tardiff 等利用 10^{-6} 致癌风险得出 PFOA 的血清 NOAEL 值为 18ng/ml（UF=100）。

尽管 Tardiff 等提出了更为合理的饮用水基准值，但是其结果仍然存在较大局限性。首先，没有采用 PFOA 的药代模型，而是简单地采用了血液和饮用水的比值（100∶1），存在较大的不确定性（及不准确性）。其次，对毒性评价部分，该研究仍然采用动物毒性数据来外推获得人类健康指导值，因而，不确定系数很大（UF=100）。最后，基准制定所需要的这些参数全部是点估计的结果，没有考虑到参数的分布特征，因而，很有可能对饮用水基准值的制定仍然过于乐观，没有考虑到人群差异性分布，不足以保护人群的潜在健康风险。因而，有必要获得更为可靠的参数估计值，从而降低饮用水基准制定的不确定性。

5.2 全氟化合物暴露评价

如图 5-2 所示，在健康基准制定的过程中贡献率的计算是一个重要的环节。而为了计算全氟化合物（PFCs）在饮用水中的贡献率，则需要分别定量计算 PFCs 的饮用水暴露量及各种暴露途径（包括食物、空气、间接代谢来源）的总暴露量。其中，PFCs 通过饮用水的摄入暴露量由每个城市的自来水厂出厂水中的浓度乘以成人日均饮用水量（男性为 1.43L，女性为 1.27L）计算而得（USEPA 1997）。然而，对总暴露量，由于缺乏食物及间接代谢来源的摄入量估算，难以直接计算总暴露量。因而，本研究采用了模型反推由内暴露浓度（如血液中 PFCs 浓度）获得人体的 CDI，然后利用计算出来的 CDI 与饮用水途径的

PFCs 摄入量结合便可以获得饮用水对人体 PFCs 暴露的贡献率。

由于目前的 PFCs 的 PBPK 模型尚未建立，并且考虑到模型参数的缺乏，本研究采用了最简单的单室模型［式（5-1）］，因为其在动物实验中对 PFCs 适用。

$$CDI = 0.693 \times K \times C_s \tag{5-1}$$

$$K = \frac{V_d}{t_{1/2} \times A} \tag{5-2}$$

式中，K 为单室模型的参数；V_d 为表观分布容积；$t_{1/2}$ 为 PFCs 在体内的半衰期；C_s 为 PFCs 的内暴露浓度（血液中浓度）；A 为 PFCs 在胃肠道的吸收效率。

本研究采用两种方法获得模型参数 K。一方面，利用直接方法获得 $t_{1/2}$ 和 V_d 参数，然后根据式（5-2）计算参数 K。目前关于 $t_{1/2}$，有两篇文章研究认为 PFOA 的 $t_{1/2}$ 分别为（1379±572）天[27] 和（840±28）天[29]，有一篇文章研究认为 PFOS 的 $t_{1/2}$ 为（1936±913）天。关于 V_d，有一篇文章研究了 PFCs 在人体不同器官组织中的浓度[31]，因而，本研究采用其数据来计算 V_d，计算得到 PFOA 的 V_d 为 280 mL/kg，而 PFOS 的 V_d 为 309 mL/kg。另一方面，考虑到通过直接测定的数据非常有限，可能影响参数 K 的计算可靠性，本研究又利用间接方法通过血液浓度及介质浓度，根据式（5-1）反推计算模型参数值 K。其中，有两篇文章研究了高污染地区的 PFOA 饮用水浓度值及该地区的血液 PFOA 浓度[32]，有六项研究分析了 PFOS 的 CDI 值及相应地区的人体血液浓度水平[33-35]。通过这些内暴露及外暴露结果，根据式（5-1）可以反推出模型参数 K。

所有直接和间接方法获得的模型参数 K 总结见表 5-2，利用 Meta 分析计算不同研究的权重，获得最终的模型参数 K。

表 5-2　模型参数计算结果

科研人员/机构	K-PFOA	SD-PFOA	K-PFOS	SD-PFOS
Maestri（1）	—	—	2.27×10^{-4}	1.4
Fromme（1）	—	—	2.26×10^{-4}	2.0
Fromme（2）	—	—	2.20×10^{-4}	2.1
Karrman（1）	—	—	1.44×10^{-4}	3.0
Karrman（2）	—	—	3.32×10^{-4}	2.1
Ericson（1）	—	—	1.82×10^{-4}	1.7
Ericson（2）	—	—	1.86×10^{-4}	1.6
Maestri（2）	2.61×10^{-4}	1.4	—	—

续表

科研人员/机构	K-PFOA	SD-PFOA	K-PFOS	SD-PFOS
Bartell	2.89×10^{-4}	1.5		
US EPA	1.79×10^{-4}	2.0	—	—
Emmet	2.00×10^{-4}	2.1	—	—
平均值	2.25×10^{-4}	1.6	2.11×10^{-4}	2.2

利用上述建立的PBPK模型及中国不同城市居民血液中PFOA与PFOS的浓度水平[28][35]，反推出CDI。其中，PFOA的CDI为0.09～8.9ng/（kg·d），而PFOS的CDI为1.4～20ng/（kg·d）。根据计算出来的CDI，利用式（5-3）即可计算出饮用水摄入途径对人体PFCs暴露的贡献率（relative contribution，RSC）。

$$RSC = C_W \times D_W / CDI \tag{5-3}$$

式中，C_W和D_W分别为PFCs在饮用水中的浓度及成人日平均饮用水量。

表5-3为最终计算出来的在不同城市的PFOA及PFOS的CDI和RSC。可见对PFOA而言，饮用水贡献率为1.3%～82%，而PFOS的饮用水贡献率为0.03%～15%（表5-3）。PFOA通过饮用水暴露的贡献率明显高于PFOS，这可能是因为PFOS在生物体内的富集能力更高，所以PFOS更多地通过食物途径进入人体。

表5-3　PFOA及PFOS在不同城市的CDI与RSC

城市	PFOA		PFOS	
	CDI［ng/（kg·d）］	RSC（%）	CDI［ng/（kg·d）］	RSC（%）
A	0.26	4.6	10	0.07
B	0.26	26	2.9	0.88
C	0.09	14	6.6	0.24
D	8.9	9.6	1.5	5.3
E	0.16	82	1.6	1.6
F	0.54	4.7	15	0.79
G	0.09	5.6	3.8	0.03
H	0.27	38	20	0.08
I	0.36	1.3	3.1	0.66

续表

城市	PFOA		PFOS	
	CDI [ng/(kg·d)]	RSC (%)	CDI [ng/(kg·d)]	RSC (%)
J	0.68	23	5.0	0.66
K	0.22	3.7	7.9	4.6
L	0.41	0.88	1.3	15
M	0.51	2.4	4.3	1.3
N	0.51	33	1.7	11
O	1.4	20	3.9	7.1
P	0.09	12	1.4	0.72
Q	0.38	34	10	2.4
R	0.19	77	9.0	1.2
S	0.37	4.0	3.5	0.68
平均值	0.35	11	4.3	1.0

5.3 全氟化合物毒性评价方法

目前的饮用水健康指导值制定采用的是动物数据，然而动物数据外推到人类需要考虑种间差异等多种不确定性因素，因而，通常具有100~1000倍的不确定性。显然，采用人类数据则显然具有更可靠性，但是不同于实验动物，人体的毒性数据通常通过流行病学调查获得。全氟化合物（PFCs）具有影响脂类代谢、降低甲状腺激素水平和影响胎儿发育等毒性，在这些终点中脂类代谢（胆固醇）是最多研究有显著关系的终点，并且这一结果也一定程度上在动物实验中得到验证，因而，本研究采用胆固醇水平作为PFCs的毒性终点。胆固醇分为总胆固醇（total cholesterol，TC）、高密度脂蛋白固醇（high density lipoprotein cholesterol，HDL-C）和低密度脂蛋白（low density lipoprotein cholesterol，LDL-C）。其中，有很多的流行病调查结果及动物实验表明，TC和LDL-C与心血管疾病有密切的正相关关系，因而被称为“坏胆固醇”，而与之相反的是，HDL-C却对心血管疾病有改善作用，因而被称为“好胆固醇”。利用Meta分析，分别以TC、HDL-C和LDL-C为终点，综合分析目前的流行病调查结果（表5-4）。

表 5-4　Meta 分析中所用的流行病调查研究

终点		选取的研究	数据点个数（个）
PFOA	TC	[36]	1
		[37]	1
		[20]	1
		[38]	8
		[23]	10
		[39]	9
		[40]	4
		[40]	1
		[41]	1
	HDL-C	[39]	9
		[36]	1
		[20]	1
		[40]	4
		[40]	1
		[41]	1
		[38]	8
		[23]	10
		[20]	1
		[39]	9
		[40]	4
		[40]	1
		[41]	1
		[23]	10
PFOS	TC	[20]	1
		[41]	1
		[38]	8
		[23]	10
		[42]	1

续表

终点		选取的研究	数据点个数（个）
PFOS	HDL-C	[20]	1
		[41]	1
		[38]	8
		[23]	10
	LDL-C	[42]	1
		[20]	1
		[41]	1
		[23]	10
		[42]	1

本研究采用对数线性模型

$$Y=\beta_0+X\beta+\tau_{study}+\varepsilon \tag{5-4}$$

式中，Y 为每个研究的胆固醇值；X 为血液中 PFCs 的浓度；β_0 为模型的截距；β 为相关系数；τ_{study} 为组间偏差的随机因素；ε 为每个研究的标准误差。

具体的计算过程，本研究利用贝叶斯公式，即：

$$[\beta_0, \beta \mid X, \tau_{study}, \varepsilon] \sim N[(X'\Lambda^{-1}X)^{-1}X'\Lambda^{-1}Y, (X'\Lambda^{-1}X)^{-1}] \tag{5-5}$$

式中，β 的先验分布，采用联合分布公式，即：

$$\beta - \mathrm{II}\,\mathrm{MVN}(0, \Sigma_i) \tag{5-6}$$

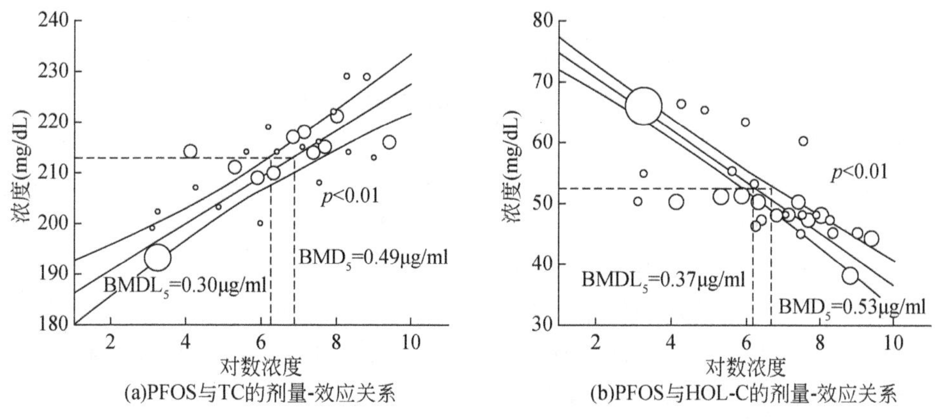

图 5-3　PFOS 与 TC 及 HDL-C 的剂量-效应关系

由图5-3可见，PFOS与“坏胆固醇”（TC、LDL-C）呈现显著的正相关关系（$p<0.01$），而与“好胆固醇”（HDL-C）呈现显著的负相关关系（$p<0.01$）。这说明PFCs与胆固醇代谢有显著的联系，考虑到不同胆固醇的功能，可以推断这种关系对人体健康不利。

5.4 健康指导值制定

利用剂量-效应关系，本研究通过式（5-7）计算出BMD值（表5-5）。

$$BMD = \exp\left[\alpha \times (1+BMR)/\beta\right] \tag{5-7}$$

表5-5 回归系数及BMD值

	终点	Levelsa	β_0	β_1	BMD（μg/ml）	$BMDL_5$（μg/ml）
PFOA	TC	36	187（164/209）	4.1*（0.7/7.4）	0.21	0.13
	HDL-C	35	57（44/71）	-1.3（-2.6/0.1）	—	—
	LDL-C	26	124（95/154）	1.3（-3.0/5.4）	—	—
PFOS	TC	29	181（174/189）	4.6**（3.4/5.8）	0.49	0.30
	HDL-C	29	79（75/82）	-4.2**（-4.9/-3.6）	0.53	0.37
	LDL-C	21	88（79/96）	0.5**（4.5/8.5）	0.62	0.36

*表示显著性水平，*越多越显著。

式中，α，β分别为指数模型参数。

另外，根据95%置信区间可以计算出$BMDL_5$，PFOA及PFOS值分别为0.13ng/mL及0.30ng/mL。而沈阳市的血液中有部分样品的PFOS浓度（0.34ng/mL）已经超过这一$BMDL_5$值，说明PFOS在中国部分地区的高暴露已经造成明显的健康危害。

综合以上计算的PBPK模型的K值、RSC值及BMD值可以计算出饮用水中PFCs的健康基准值（heath based value，HBV）。

$$HBV = 0.693 \times K \times BMD/(D_W \times RSC) \tag{5-8}$$

最终PFOA及PFOS在饮用水中的HBV值分别为109ng/L和18ng/L，其远低于US EPA的400ng/L及200ng/L（U. S. EPA 2009）。而中国的自来水厂中PFOA和PFOS分别有0.8%和4.2%的水厂超过这一分布（图5-4）。

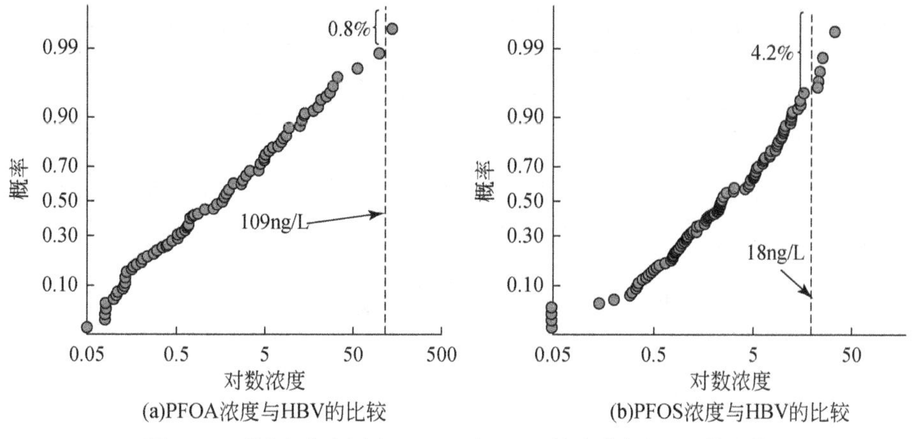

图 5-4　不同自来水厂中 PFOA 及 PFOS 的浓度与 HBV 的比较

5.5　全氟化合物风险计算

5.5.1　不同地区 PFOA 及 PFOS 污染的风险分布特征结果

根据上述指定的 HBVs 值，中国不同城市的饮用水风险值可以由式（5-9）的熵值法（harzard quotient，HQ）获得

$$HQ = C_W / HBV \tag{5-9}$$

由图 5-5 可见，PFOA 的 HQs 值普遍低于 0.1，说明风险较小，但是华东地区的 HQs 值较高，部分自来水厂甚至高于 1.0（饮用水中浓度超过健康基准值）。

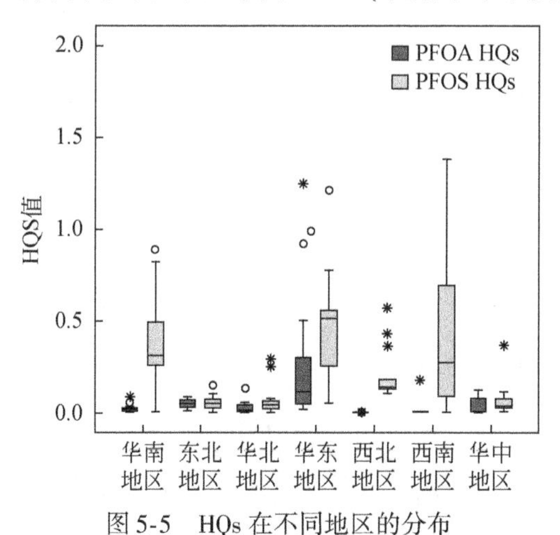

图 5-5　HQs 在不同地区的分布

而 PFOS 的 HQs 值较高，普遍高于 0.1，尤其在华东地区和西南地区最高。

5.5.2 不同水源类型污染的风险分布特征结果

由图 5-6 可见，PFOA 和 PFOS 的 HQs 都是河流水和湖库水中高于地下水，说明水源水的质量对饮用水中 PFCs 的污染风险至关重要。

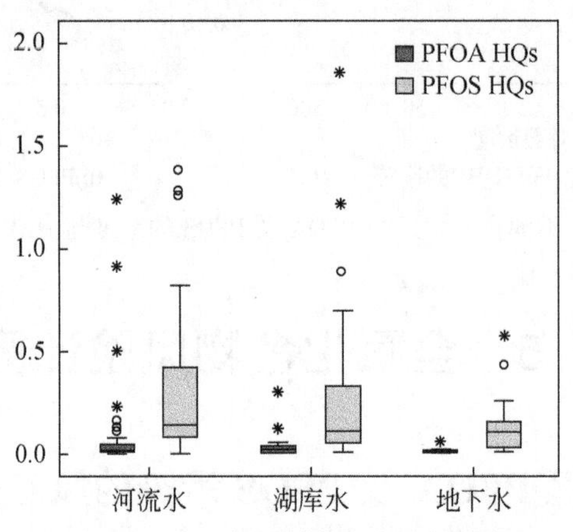

图 5-6 HQs 在不同水源类型的分布

5.5.3 流域污染的风险分布特征结果

由图 5-7 可知，PFOA 及 PFOS 在沿海水系、珠江水系及长江水系污染较高，导致的风险也较高。

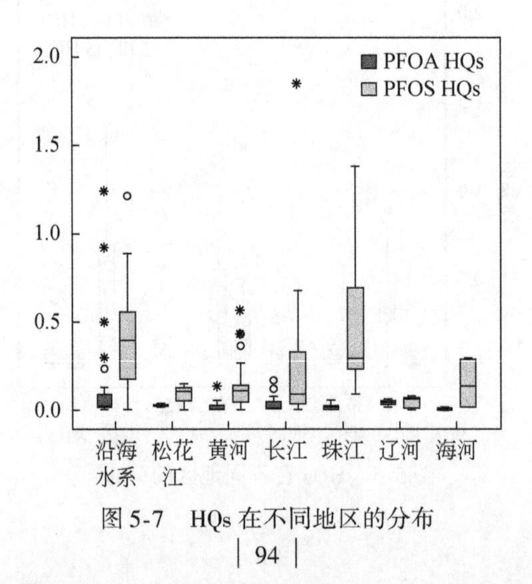

图 5-7 HQs 在不同地区的分布

5.5.4 污染物的风险控制主要策略及去除率的情况

PFOA 及 PFOS 的性质非常稳定，因而常规的氯消毒处理难以去除这类物质。如图 5-8 所示，PFOA 及 PFOS 在不同自来水厂进厂水和出厂水中均呈现良好的相关性。尤其值得注意的是，斜率接近 1，这说明 PFOA 及 PFOS 在出厂水中的浓度与进厂水中的浓度相近，在目前的饮用水处理工艺中几乎没有去除。但是，值得注意的是，在上海市某自来水厂中 PFOA 及 PFOS 得到明显的去除，该自来水厂采用了活性炭等深度处理工艺，这说明这些深度处理工艺可能是去除饮用水中 PFCs 的良好方法。但活性炭吸附容量有限，容易达到饱和，因此，源头控制是关键。

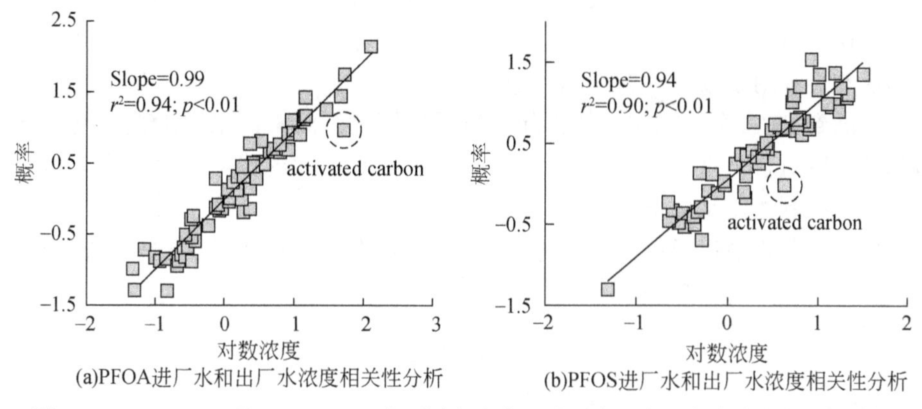

(a)PFOA进厂水和出厂水浓度相关性分析　(b)PFOS进厂水和出厂水浓度相关性分析

图 5-8 PFOA（a）及 PFOS（b）在不同自来水厂进厂水和出厂水中浓度相关性分析

不同地区和流域的风险分布特征说明 PFCs 在发达地区（如华东地区）、沿海水系及珠江水系污染较为严重，风险较高，在部分自来水厂中 HQs 值甚至超过 1.0，可能导致健康危害。而水源水的质量是决定 PFOA 及 PFOS 污染程度的主要原因，选用地下水为水源水的自来水厂 PFCs 的污染普遍较低。考虑到目前的饮用水处理工艺难以去除 PFCs，因而，对水源地的保护是降低 PFCs 风险的最行之有效的方法。

5.6 结　论

本章通过建立 PBPK 模型，计算 RSCs 及建立剂量-效应关系等多个步骤制定了 PFCs 在饮用水中的健康指导值分别为 109ng/L（PFOA）和 18ng/L（PFOS）。这一结果远低于现行的 US EPA 的结果，考虑到 US EPA 所采用的动物数据具有很大的不确定性（100～1000 倍），因而，本研究制定的健康基准值更具有指导意义。通过与全国多座自来水厂的监测数据比较，发现有0.8%的自来水厂及4.2%的自来水厂中PFOA与PFOS分别超过了各自的健康指导值，说明PFOA及PFOS可能对中国人群造成潜在危害。通过不同地区的比较发现，PFCs的污染主要在发达地区（如华东地区）及沿海水系中。另外，不同自来水厂出厂水和进厂水中的PFCs浓度相近，说明目前中国的饮用水处理工艺难以去除这类物质。

尽管PFOA及PFOS已经于2009年被列入POPs公约，目前中国仍然没有任何针对PFCs的管理措施。实际上近几年来中国的PFOA及PFOS的生产量一直在持续增加。一方面，对照本研究制定的109ng/L（PFOA）及18ng/L（PFOS）健康基准值，发现很多自来水厂的HQs值为0.1～1.0，少数自来水厂甚至已经超过1，说明PFCs暴露可能对人群造成健康危害，亟须实施合理的管理政策。另一方面，在本研究推荐的健康指导值下仅有0.8%的自来水厂及4.2%的自来水厂超过这一指标，因而具有很大的可行性。在水污染短期内无法改善的情况下，利用活性炭吸附是很有效的处理方法。

考虑到PFCs在自来水厂的去除率极低的情况，而不同水源地尤其是地下水水源的选取对自来水厂出水中PFCs的污染水平有极大的影响，因而水源地质量的保证是控制饮用水中PFCs污染的重要方式。当然在本研究基础上，在将来的研究中还应着重探讨目前的水源地PFCs广泛存在的排放来源，这也是控制饮用水中PFCs污染的关键所在。

参考文献

[1] Giesy J P, Kannan K. Global distribution of perfluorooctane sulfonate in wildlife [J]. Environmental Science and Technology, 2001, 35 (7): 1339-1342.

[2] Key B D, Howell R D, Criddle C S. Fluorinated organics in the biosphere [J]. Environmental Science and Technology, 1997, 31 (9): 2445-2454.

[3] 3M Company. Fluorochemical use, distribution and release overview [R] EPA public docket AR226-0550, 1999.

[4] Simcik M F, Dorweiler K J. Ratio of perfluorochemical concentrations as a tracer of atmospheric deposition to surface waters [J]. Environmental Science and Technology, 2005, 39 (22): 8678-8683.

[5] Young C J, Furdui V I, Franklin J, et al. Perfluorinated acids in arctic snow: New evidence for atmospheric formation [J]. Environmental Science and Technology, 2007, 41 (10): 3455-3461.

[6] Braune B M, Letcher R J. Perfluorinated sulfonate and carboxylate compounds in eggs of seabirds breeding in the Canadian arctic: Temporal trends (1975–2011) and interspecies comparison [J]. Environmental Science and Technology, 2013, 47 (1): 616-624.

[7] Giesy J P, Kannan K. Perfluorochemical surfactants in the environment [J]. Environmental

Science and Technology, 2002, 36 (7): 146A-152A.

[8] Wang P, Wang T, Giesy J P, et al. Perfluorinated compounds in soils from Liaodong Bay with concentrated fluorine industry parks in China [J] . Environmental Science and Technology, 2013, 91 (6): 751-757.

[9] YimLing M, Taniyasu S, Yeung L W Y, et al. Perfluorinated compounds in tap water from China and several other countries [J] . Environmental Science and Technology, 2009, 43 (13): 4824-4829.

[10] Gulkowska A, Jiang Q, So M K, et al. Persistent perfluorinated acids in seafood collected from two cities of China [J] . Environmental Science and Technology, 2006, 40 (12): 3736-3741.

[11] Shoeib M, Harner T, Wilford B H, et al. Perfluorinated sulfonamides in indoor and outdoor air and indoor dust: Occurrence, partitioning, and human exposure [J] . Environmental Science and Technology, 2005, 39 (17): 6599-6606.

[12] Calafat A M, Kuklenyik Z, Caudill S P, et al. Perfluorochemicals in pooled serum samples from United States residents in 2001 and 2002 [J] . Environmental Science and Technology, 2006, 40 (7): 2128-2134.

[13] Yeung L W Y, Robinson S J, Koschorreck J, et al. Part II. A temporal study of PFOS and its precursors in human plasma from two German cities in 1982–2009 [J] . Environmental Science and Technology, 2013, 47 (8): 3875-3882.

[14] Lau C, Thibodeaux J R, Hanson R G, et al. Exposure to perfluorooctane sulfonate during pregnancy in rat and mouse. II: postnatal evaluation [J] . Environmental Science and Technology, 2003, 74 (2): 382-392.

[15] Seacat A M, Thomford P J, Hansen K J, et al. Subchronic toxicity studies on perfluorooctane-sulfonate potassium salt in cynomolgus monkeys [J] . Environmental Science and Technology, 2002, 68 (1): 249-264.

[16] Austin M E, Kasturi B S, Matthew B, et al. Neuroendocrine effects of perfluorooctane sulfonate in rats [J] . Environmental Health perspectires, 2003, 111 (12): 1485-1489.

[17] Okochi E, Nishimaki- Mogami T, Suzuki K, et al. Perfluorooctanoic acid, a peroxisome-proliferating hypolipidemic agent, dissociates apolipoprotein B48 from lipoprotein particles and decreases secretion of very low density lipoproteins by cultured rat hepatocytes [J] . Biochimica Et Biophysica Acta, 1999, 1437 (3): 393-401.

[18] Vanden Heuvel J P, Thompson J T, Frame S R, et al. Differential activation of nuclear receptors by perfluorinated fatty acid analogs and natural fatty acids: A comparison of human, mouse, and rat peroxisome proliferator-activated receptor-alpha, -beta, and -gamma, liver X receptor-beta, and retinoid X receptor- alpha [J] . Toxicological Sciences, 2006, 92 (2): 476-489.

[19] Takacs M L, Abbott B D. Activation of mouse and human peroxisome proliferator- activated receptors (alpha, beta/delta, gamma) by perfluorooctanoic acid and perfluorooctane sulfonate

[J]. Toxicological Sciences, 2007, 95 (1): 108-117.

[20] Nelson J W, Hatch E E, Webster T F. Exposure to Polyfluoroalkyl Chemicals and Cholesterol, Body Weight, and Insulin Resistance in the General US Population [J]. Environmental Health Perspectives, 2010, 118 (2): 197-202.

[21] Washino N, Saijo Y, Sasaki S, et al. Correlations between Prenatal Exposure to Perfluorinated Chemicals and Reduced Fetal Growth [J]. Environmental Health Perspectives, 2009, 117 (4), 660-667.

[22] Lopez-Espinosa M J, Mondal D, Armstrong B, et al. Thyroid function and perfluoroalkyl acids in children living near a chemical plant [J]. Environmental Health Perspectives, 2012, 120 (7): 1036-1041.

[23] Olsen G W, Zobel L R. Assessment of lipid, hepatic, and thyroid parameters with serum perfluorooctanoate (PFOA) concentrations in fluorochemical production workers [J]. International Archives of Occupational and Environmental Health, 2007, 81 (2): 231-246.

[24] Jin Y H, Liu W, Sato I, et al. PFOS and PFOA in environmental and tap water in China [J]. Chemosphere, 2009, 77 (5): 605-611.

[25] Qiu Y, Jing H, Shi H C. Perfluorocarboxylic acids (PFCAs) and perfluoroalkyl sulfonates (PFASs) in surface and tap water around Lake Taihu in China [J]. Frontiers of Environmental Science and Engineering in China, 2010, 4 (3): 301-310.

[26] Lau C, Thibodeaux J R, Hanson R G, et al. Effects of perfluorooctanoic acid exposure during pregnancy in the mouse [J]. Toxicological Sciences, 2006, 90 (2): 510-518.

[27] Olsen G W, Burris J M, Butenhoff J L, et al. Half-life of serum elimination of perfluorooctanesulfonate, perfluorohexanesulfonate, and perfluorooctanoate in retired fluorochemical production workers [J]. Environmental Health Perspectives, 2007, 115 (9): 1298-1305.

[28] Zhang T, Sun H W, Wu Q, et al. Perfluorochemicals in Meat, Eggs and Indoor Dust in China: Assessment of sources and pathways of human exposure to perfluorochemicals [J]. Environmental Science and Technology, 2010, 44 (9): 3572-3579.

[29] Bartell S M, Calafat A M, Lyu C, et al. Rate of decline in serum PFOA concentrations after granular activated carbon filtration at two public water systems in Ohio and West Virginia [J]. Environmental Health Perspectives, 2010, 118 (2): 222-228.

[30] Tardiff R G. Comment on occurrence and potential significance of perfluorooctanoic acid (PFOA) detected in new jersey public drinking water systems [J]. Environmental Science and Technology, 2009, 43 (12): 4547-4554.

[31] Maestri L, Negri S, Ferrari M, et al. Determination of perfluorooctanoic acid and perfluorooctanesulfonate in human tissues by liquid chromatography/single quadrupole mass spectrometry [J]. Rapid Communications in Mass Spectrometry Rcm, 2006, 20 (18): 2728-2734.

[32] Emmett E A, Shofer F S, Zhang H, et al. Community exposure to perfluorooctanoate: Relationships between serum concentrations and exposure sources [J]. Journal of Occupational

and Environmental Medicine, 2006, 48 (8): 759-770.

[33] Fromme H, Schlummer M, Möller A, et al. Exposure of an adult population to perfluorinated substances using duplicate diet portions and biomonitoring data [J]. Environmental Science and Technology, 2007, 41 (22): 7928-7933.

[34] Kärrman A, Harada K H, Inoue K, et al. Relationship between dietary exposure and serum perfluorochemical (PFC) levels: A case study [J]. Environmental International, 2009, 35 (4): 712-717.

[35] Ericson I, Marti-Cid R, Nadal M, et al. Human exposure to perfluorinated chemicals through the diet: intake of perfluorinated compounds in foods from the Catalan (Spain) Market [J]. Joumal of Agricultural and Food Chemistry, 2008, 56 (5): 1787-1794.

[36] Costa G, Sartori S, Consonni D. Thirty years of medical surveillance in perfluooctanoic acid production workers [J]. Journal of Occupational and Environmental Medicine, 2009, 51 (3): 364-372.

[37] Emmett E A, Zhang H, Shofer F S, et al. Community exposure to perfluorooctanoate: Relationships between serum levels and certain health parameters [J]. Journal of Occupational and Environmental Medicine, 2006, 48 (8): 771-779.

[38] Olsen G W, Burris J M, Burlew M M M, et al. Epidemiologic assessment of worker serum perfluorooctanesulfonate (PFOS) and perfluorooctanoate (PFOA) concentrations and medical surveillance examinations [J]. Journal of Occupational and Environmental Medicine, 2003, 45 (3): 260-270.

[39] Olsen G W, Burris J M, Burlew M M M, et al. Plasma cholecystokinin and hepatic enzymes, cholesterol and lipoproteins in ammonium perfluorooctanoate production workers [J]. Drug and Chemical Toxicology, 2000, 23 (4): 603-620.

[40] Sakr C J, Kreckmann K H, Green J W, et al. Cross-sectional study of lipids and liver enzymes related to a serum biomarker of exposure (ammonia perfluorooctanoate or APFO) as part of a general health survey in a cohorent of occupational exposed workers [J]. Journal of Occupational and Environmental Medicine, 2007, 49 (10): 1086-1096.

[41] Steenland K, Tinker S, Shankar A, et al. Association of perfluorooctanic acid (PFOA) and perfluoroctanesulfonate (PFOS) with serum lipids among adults living near a chemical plant [J]. Environmental Health Perspectives, 2010, 118 (2): 229-233.

[42] Château-Degat M L, Pereg D, Dallaire R, et al. Effects of perfluorooctanesulfonate exposure on plasma lipid levels in the Inuit population of Nunavik (Northern Quebec) [J]. Environmental Research,2010, 110 (7): 710-717.

|第6章|　基于DALYs的饮用水中污染物的风险估算和排序

6.1 风险排序在饮用水水质管理中的应用现状

近年来，基于健康风险评价的饮用水安全管理已经成为国际上普遍采用的一种管理模式[1]。在污染物的健康风险评价中，风险水平往往以某种特定的疾病终点表示。例如，由病原微生物引起的风险一般表示为摄入一定量的饮用水而导致的个人每年感染的概率，而致癌性化学物质的风险通常表示为终身暴露而导致的癌症发病率的增高。我国《生活饮用水卫生标准》（GB 5749—2006）规定的106项指标中，大量指标与健康相关。但是，不同的污染物具有不同的疾病终点，而不同疾病终点对人体健康影响的差别很大，不能进行直接的风险比较。为了对不同的污染物进行风险排序，最终列出优先控制污染物清单，必须建立统一的风险评价终点。为此，WHO推荐使用通用的度量指标——DALYs来表达由污染物引起的疾病负担。

将DALYs的概念应用于饮用水健康风险评价的出发点，是其有三个主导性的量值可以很好地表征由水中污染物质导致的各种健康损失：①生命的长度（通过期望寿命和疾病的持续时间）；②生命的质量（通过失能权重转化健康危害）；③社会影响大小（通过被影响的人口数量及结构）。DALYs相对于一些旧的风险指标（如死亡率、发病率）更加合理，因为它包括了非致死的危害终点，且明确表示了生命和健康的期望。同时，DALYs概念具有高度的灵活性，可以被运用于不同污染物的风险比较，也可以对不同的干预措施进行成本-效益分析。

自DALYs的概念方法提出以来，国内外的专家学者便尝试将其应用于各种污染物的风险评价中。Havelaar和Melse[2]利用DALYs评价了饮用水中许多病原微生物，包括隐孢子虫（*cryptosporidium*）、嗜热弯曲杆菌（thermophilic campylobacter）及志贺毒素大肠杆菌（shiga-toxin producing escherichia coli）等引起腹泻、溶血性尿毒综合征、终期肾病和死亡等的疾病负担。An等[3,4]评价了浙江省一些城市的水源中隐孢子虫和贾第鞭毛虫可能造成腹泻和死亡的DALYs损失，而Xiao等[5]则评价了全国水源中隐孢子虫导致的DALYs损失。除了病原微生物，砷是另一种应用 DALYs 进行风险评价较多的污染物。一些学者利用 DALYs 评价孟加拉国高砷暴露人群采用各种降低水砷方案后的疾病负担[6-8]。Mondal 等[9]则利用印度西孟加拉邦高砷暴露数据，比较了两种估算饮水砷造成 DALYs 损失的方法。将饮用水中的污染物大致分为三大类，即病原微生物、致癌化学物质及非致癌化学物质。目前，病原微生物和饮水砷的基于 DALYs 的疾病负担估算方法体系已经较为成熟，而对非致癌化学物质及除砷以外的化学致癌物质，DALYs 的相关应用较少。

本章将以三类不同污染物质，即 DBPs［THMs、HAAs、*N*-亚硝基二甲胺（*N*-nitrosodimethylamine，NDMA）、溴酸盐（bromate）］、氟化物（fluoride）和砷（arsenic）为例，建立其基于 DALYs 的风险评价方法，根据全国污染物浓度调查数据计算我国特定污染物造成的疾病负担和经济负担，并进行初步的风险排序及成本-效益分析。在整个风险评价过程中，利用蒙特卡罗模拟整合来自于暴露值和参数值的不确定性，按照浓度数据和参数值的分布，进行 5000 次（男性和女性各 2500 次）的随机模拟以获得风险估计值的参数分布。

6.2 消毒副产物的 DALYs 计算

6.2.1 概述

进行氯消毒时，消毒剂会与 NOM 反应生成 DBPs。许多流行病学研究表明，终身饮用氯化饮用水与升高的膀胱癌发病率存在相关关系[10]，并会造成有害的生殖及发育影响[11]。在中国，大约有 99.5% 的城市供水系统使用氯作为消毒剂[12]，众多人口终身暴露于 DBPs，可能造成潜在的健康危害。

目前，已有 1000 多种氯化消毒副产物（DBPs）被报道[13]，从质量上来看，THMs 和 HAAs 是最重要的两大类[14]，因此得到了全球的广泛关注和监控[15]。在本次的饮用水水质调查中，THMs 和 HAAs 的检出率是最高的，分别为 93% 和 76%。除了这两大类氯化 DBPs 外，NDMA 和溴酸盐的检出率也高达 75% 和 27%，而这两种 DBPs 的致癌效力均远大于 THMs 和 HAAs，其致癌风险值得关注。

为了与其他污染物的健康风险相比较，本节采用 WHO 推荐的标准指标 DALYs 评价 DBPs 的致癌风险。首先，将 OSEPA 的传统致癌物质健康风险评价模型与 WHO 建立的疾病模型相结合，建立 DBPs 的疾病负担评估方法；其次，根据全国 DBPs 的调查数据，估算 THMs、HAAs、NDMA 和溴酸盐的基于 DALYs 的致癌风险。

6.2.2 数据的初步分析

课题组在两次水质调查中，分别收集来自全国35个主要城市127座大型自来水厂配水管网中的水样，并测定水样中的THMs、HAAs、NDMA及溴酸盐。水样的采集、准备、分析及质量保证等具体细节可以参考其他文献[16]。

HAAs有九种类型。然而，目前美国的IRIS[17]只报道了DCAA和TCAA的致癌效力，因此，本研究将只考虑这两种HAAs。各种DBPs的浓度值与分布拟合参数见表6-1。除了两个样品中的TCM浓度值，其余样品中的THMs、HAAs及溴酸盐浓度均低于我国《生活饮用水卫生标准》（GB 5749—2006）的规定限值，而对NDMA，我国尚未制定标准限值。对THMs，样品的平均浓度大小依次为TCM>BDCM>DBCM>TBM；而对HAAs，样品的平均浓度大小为TCAA>DCAA，这与其他人关于我国饮用水DBPs分布的研究结果相似[18-20]。四种THMs的总浓度与九种HAAs的总浓度值分别为1.50～94.90μg/L（中值：16.48μg/L）和ND～52.98μg/L（中值：7.46μg/L），这比加拿大和美国的研究值要低很多[14,21]。这可能与我国饮用水中可溶性有机碳（dissolved organic carbon，DOC）的水平和其导致的DBPs生成势较低有关[22]。在大多数的样本中，DCAA和TCAA是总HAAs（total HAAs，THAAs）的主导性成分，平均占89.3%，这种主导性也被加拿大和中国的其他研究认可[21,23]。NDMA的浓度值为ND～105.10ng/L（中值：2.94ng/L）。在美国和加拿大饮用水调查中，使用氯消毒和氯胺消毒两种工艺的自来水厂管网中NDMA的年平均浓度分别为5.4ng/L和16ng/L[24]。我国99.5%的自来水厂使用氯或者氯胺作为消毒剂[12]，NDMA均值为6.09ng/L，与国外研究情况基本一致。各自来水厂的溴酸盐浓度值要远低于标准限值（10μg/L），其均值比10μg/L低2个数量级。溴酸盐主要是臭氧消毒产生的DBPs，而美国臭氧消毒自来水厂的调查数据也表明，仅有6%自来水厂的溴酸盐浓度值超标[25]。

表6-1 DBPs的浓度值与分布拟合参数

DBPs	范围	标准限值	中值	均值（标准差）	拟合参数
TCM（μg/L）	0.90～89.20	60	10.70	12.67（12.41）	Exp（0.071）
BDCM（μg/L）	ND～25.20	60	2.50	3.81（4.57）	Exp（0.24）
DBCM（μg/L）	ND～13.20	100	0.40	1.50（2.77）	Lnorm（-1.80，2.48）
TBM（μg/L）	ND～7.00	100	0	0.23（0.84）	Exp（5.00）
TCAA（μg/L）	ND～30.76	100	3.30	4.79（5.01）	Exp（0.18）
DCAA（μg/L）	ND～32.68	50	1.90	3.11（4.61）	Exp（0.29）

续表

DBPs	范围	标准限值	中值	均值（标准差）	拟合参数
NDMA（μg/L）	ND ~ 105.10	—	2.94	6.09（11.46）	Lnorm（-5.92，1.25）
溴酸盐（μg/L）	ND ~ 3.67	10	0.00	0.14（0.55）	Lnorm（-4.05，1.43）

注：ND：低于检测限（TCM < 0.03μg/L，BDCM < 0.05μg/L，DBCM < 0.04μg/L，TBM < 0.03μg/L，TCAA<0.25μg/L，DCAA<0.23μg/L，NDMA<0.009μg/L，溴酸盐<0.23μg/L）；Exp：指数分布；Lnorm：对数正态分布

对 DBPs 的浓度数据进行参数分布拟合，由于每座自来水厂的供水人数不一样，需要对浓度数据进行加权处理，权重为自来水厂的日供水量。DBPs 浓度的供水加权直方图和箱型图如图 6-1 所示。NDMA、溴酸盐和 DBCM 的最佳参数分布拟合为对数正态分布，而其他 DBPs 为指数分布，拟合的参数值见表 6-1（通过了卡方检验）。在箱型图中，可以看出一些浓度值要高于极限值，可能为异常值，但其可能在风险评价中起十分重要的作用，因此不可略去[21]。

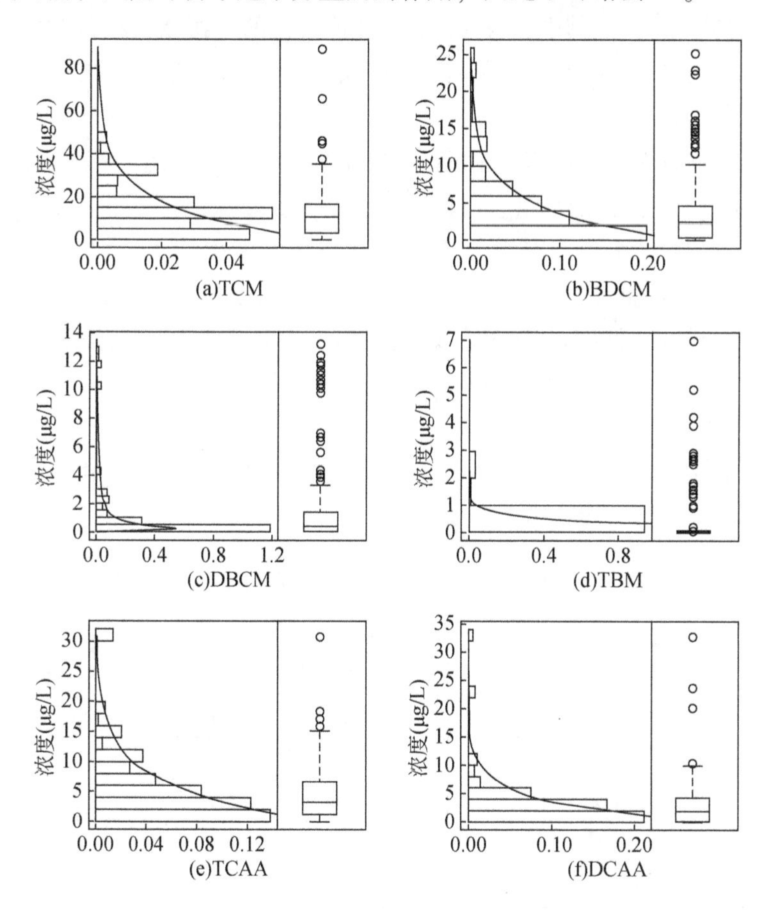

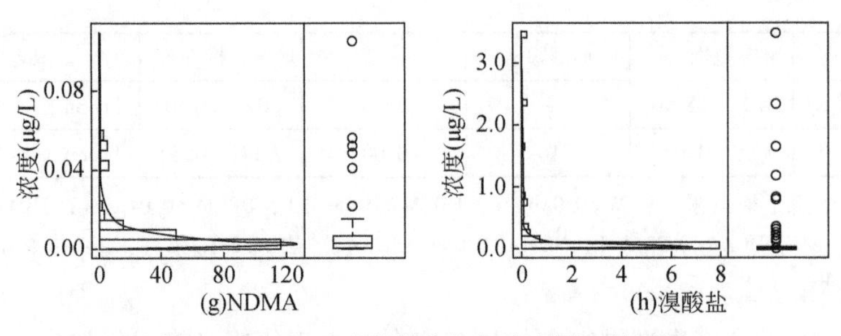

图 6-1　DBPs 浓度的供水加权直方图和箱型图

6.2.3　终身癌症发病率的计算

根据 DBPs 的浓度分布，与第 4 章关于 DBPs 的风险评价不同，本节对其进行多途径的暴露评价。其中，THMs 是一种挥发性的有机物，在日常室内活动中通过呼吸和皮肤摄入 THMs 而导致的癌症风险不能被忽略[26]。本研究认为，淋浴是最主要的室内活动[27]。相反的，HAAs 是一种非挥发性有机物。Xu 和 Mariano[28] 曾测量在淋浴过程中 HAAs 的呼吸摄入量不足饮用水摄入量的 1%。同样的，皮肤摄入 HAAs 的剂量也可以忽略，因为其皮肤渗透性非常低（1×10^{-3} ~ 3×10^{-3}cm/h，pH=7）[29]。因此，对 THMs，需要考虑饮用水、呼吸和体表皮肤摄入三种暴露途径；而对 HAAs，只需要考虑饮用水摄入途径。对溴酸盐和 NDMA，目前没有充分的证据认为呼吸和体表皮肤摄入是其致癌的重要途径[30,31]，所以也只考虑饮用水暴露途径。不同暴露途径的 CDI 可通过式（2-1）~ 式(2-8）进行估算，式中的参数意义和取值见表 2-3。

DBPs 不同暴露途径的 $IR_{i,j}$ 及 TIR 可通过式（2-17）~ 式(2-18）进行估算，表 6-2 总结了 DBPs 的癌症斜率因子（SF）。

表 6-2　DBPs 的癌症斜率因子（SF）总结　单位：$[mg/(kg\cdot d)]^{-1}$

DBPs	癌症斜率因子（SF）		
	口腔摄入	体表皮肤接触	呼吸摄入
TCM	6.10×10^{-3}（IRIS）	3.05×10^{-2}（RAIS）	8.05×10^{-2}（IRIS）
BDCM	6.20×10^{-2}（IRIS）	6.33×10^{-2}（RAIS）	6.20×10^{-2a}
DBCM	8.40×10^{-2}（IRIS）	1.40×10^{-1}（RAIS）	8.40×10^{-2a}
TBM	7.90×10^{-2}（IRIS）	1.32×10^{-2}（RAIS）	3.85×10^{-3}（IRIS）
DCAA	5.00×10^{-2}（IRIS）	—	—

续表

DBPs	癌症斜率因子（SF）		
	口腔摄入	体表皮肤接触	呼吸摄入
TCAA	7.00×10^{-2} （IRIS）	—	—
NDMA	5.10×10^{1} （IRIS）	—	—
溴酸盐	7.00×10^{-1} （IRIS）	—	—

注：a 若无可用的呼吸致癌系数，则以口腔致癌系数代替。

四类 DBPs 的总癌症风险的中值为 5.05×10^{-5}，为 US EPA 规定的最小（可以忽略）风险值（1×10^{-6}）的 50.5 倍，但在 US EPA 规定的限制区间之内（10^{-6} ~ 10^{-4}）[33]，其蒙特卡罗模拟分布及其累积频率分布如图 6-2 所示。

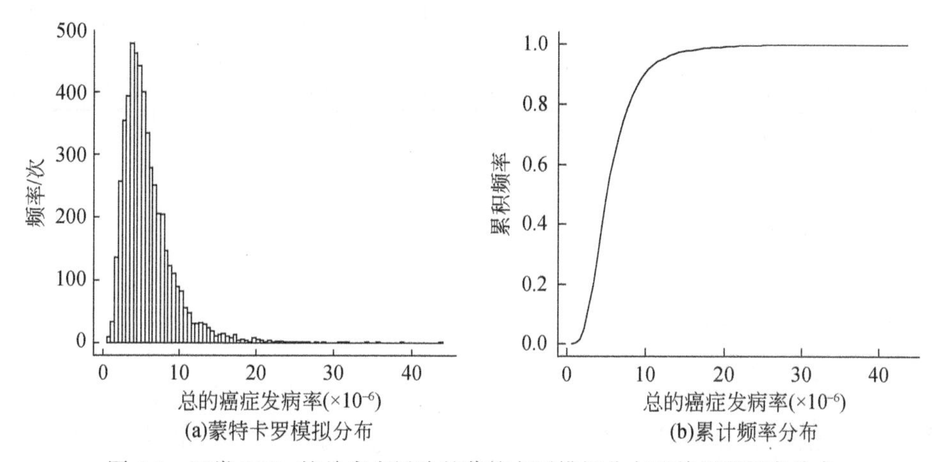

图 6-2　四类 DBPs 的总癌症风险的蒙特卡罗模拟分布及其累积频率分布

DBPs 不同暴露途径的癌症风险总结见表 6-3。除了 TBM 和溴酸盐，其他 DBPs 的癌症风险均要大于 1×10^{-6}，但所有 DBPs 的癌症风险值均低于 1×10^{-5}。分别分析四类 DBPs 的癌症风险，TTHMs、THAAs、NDMA 和溴酸盐的癌症风险的中值分别为 23.49×10^{-6}，14.17×10^{-6}，4.45×10^{-6} 和 0.38×10^{-6}，对总风险率的贡献率分别为 55.3%、33.3%、10.5% 和 0.9%。可见，溴酸盐所导致的癌症风险几乎可忽略不计。NDMA 的浓度值虽然比其他 DBPs 低 2 个数量级，但其致癌风险仍然不可忽略，因为其致癌效力非常高，SF 高达 51 $[mg/(kg \cdot d)]^{-1}$，比其他 DBPs 高 2 ~ 3 个数量级。因此，在 NDMA 浓度较高的水体里，其致癌风险值得注意。

表 6-3　不同 DBPs 不同暴露途径的癌症风险[a]　　单位：$\times 10^{-6}$

DBPs	口腔摄入	呼吸摄入	体表皮肤接触	总计
TCM	1.86（0.14，8.21）	5.37（0.33，45.19）	0.08（0.00，0.48）	7.89（0.55，52.78）
BDCM	5.59（0.41，25.11）	1.05（0.07，8.39）	0.03（0.00，0.18）	7.12（0.53，32.69）
DBCM	2.75（0.20，11.18）	0.42（0.02，3.26）	0.02（0.00，0.09）	3.35（0.24，14.04）
TBM	0.34（0.03，1.50）	0（0.00，0.02）	0（0.00，0.00）	0.35（0.03，1.51）
TCAA	8.47（0.62，36.71）	—	—	8.47（0.62，36.71）
DCAA	3.74（0.27，15.83）	—	—	3.74（0.27，15.83）
TTHMs	13.11（4.12，33.92）	7.95（1.15，52.62）	0.15（0.04，0.62）	23.49（7.00，78.00）
THAAs	14.17（2.94，43.84）	—	—	14.17（2.94，43.84）
NDMA	4.45（0.53，33.78）	—	—	4.45（0.5333.78）
溴酸盐	0.38（0.04，4.38）	—	—	0.38（0.04，4.38）
总计	38.25（17.04，83.64）	7.95（1.15，52.62）	0.15（0.04，0.62）	50.45（22.14，121.80）

a 数值表示风险分布的中值，括号中的数值表示其 5th 和 95th 分位数。

6.2.4　DALYs 的计算

6.2.4.1　疾病终点的确定

由于不同癌症的严重程度不同，其造成的疾病负担也不同。为进行 DALYs 估算，首先需要确定各种 DBPs 导致的癌症类型。目前，已经有许多流行病学研究表明，暴露于氯化饮用水与人类癌症发病率的增高具有一定的相关关系[26,34-38]，但尚无定论。在被研究的癌症类型中，膀胱癌发病率的增高与氯化 DBPs 具有最为一致的正相关关系[37,38]，而对其他癌症类型，相关证据十分有限[36]。因此，对 THMs 和 HAAs 这两类典型的氯化 DBPs，疾病终点将确定为膀胱癌。NDMA 主要是氯胺消毒产生的 DBPs[39]，而溴酸盐主要是臭氧消毒产生的 DBPs[40]。目前，缺少流行病学数据表明暴露于这两种 DBPs 会导致何种人类癌症，因此，将采用动物毒性数据来确定疾病终点。根据 IRIS 中的信息，NDMA 会引起小鼠肝癌发病率的增高[30]；而溴酸盐会导致小鼠患肾癌、甲状腺癌及间皮瘤[31]，为与 WHO[1]保持一致，本研究只考虑肾癌。

6.2.4.2　疾病模型及 DALYs 的计算

为准确估计癌症造成的伤残失能损失，WHO 根据癌症的各个病程阶段和可能造成的后遗症设计了疾病模型[41]（图 6-3）。它是对整个疾病历程的一种简化，描述了病程中各个不同的阶段。在疾病模型中，癌症患者将有两种可能的终点：①一些人将死于癌症，经历的时期包括诊断与初步治疗期、治疗控制期、临终期、终期和死亡；②一些人将被治愈，而被治愈的一部分患者将有可能在余生伴有后遗症，经历的时期包括诊断与初步治疗期、治疗控制期、治愈期完全康复/治愈期伴有后遗症。

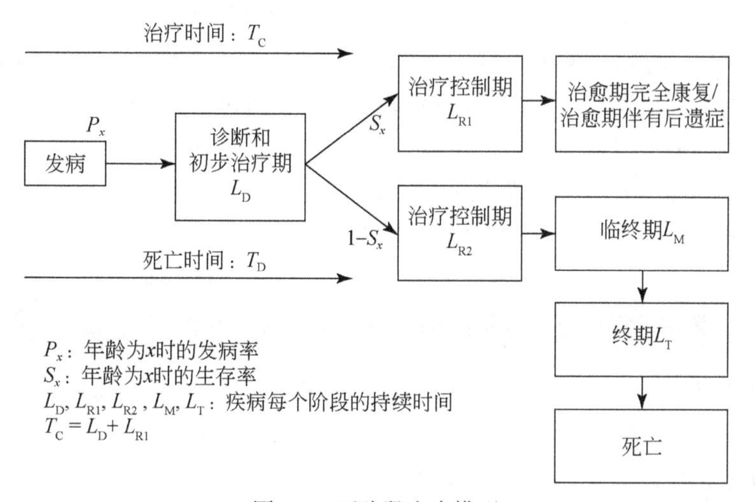

图 6-3　两阶段疾病模型

在疾病模型中，需要在除死亡外的每个病程阶段考虑 YLDs；而在死亡阶段需要考虑 YLLs。YLLs 和 YLDs 可按如下公式进行计算[42]：

$$\text{YLLs} = \sum_{x} n_x \times d_x \times e_x^* \tag{6-1}$$

$$\text{YLDs} = \sum_{x,\ y} n_x \times i_{x,\ y} \times \text{DW}_x \times L_{x,\ y} \tag{6-2}$$

式中，x 为年龄阶段；y 为不同的疾病阶段；n 为人口数；d 为死亡率；e^* 为标准期望寿命；i 为发病率；DW 为失能权重；L 为持续时间。

患者在死亡前已经经历了诊断和治疗等阶段，因此，式（6-1）中，以（$e^* - T_D$）代表死亡时寿命年的损失将比 e^* 更加合理；而对治愈的患者，同样的，以（$e^* - T_C$）代表治愈后剩余的寿命年将更加合理。癌症发病率估计值（6.2.3 节）与生存率（S_x）将用来计算疾病中每个过程的发生率（$i_{x,y}$）和死亡率（d_x）。因此，YLLs 及 YLDs 的估算公式可以表示为

$$\text{YLLs} = \sum_{x} n_x P_x (1 - S_x)(e_x^* - T_D) \tag{6-3}$$

$$\text{YLDs} = \sum_{x,\ y} n_x P_x \{(1 - S_x)\text{DW}_y L_y + S_x[\text{DW}_y L_y + P_{\text{seq}} \text{DW}_{\text{seq}} (e_x^* - T_C)]\} \tag{6-4}$$

式中，x 为年龄阶段（划分为 19 个年龄组，即 0～1 岁，1～5 岁，5～10 岁，10～15岁，…，80～85 岁，85 岁及以上）；y 为不同的疾病阶段；n 为人口数；P 为发病率；S 为生存率；e^* 为标准期望寿命；T_D 为死亡时间；DW 为失能权重；L 为持续时间；P_{seq} 为后遗症患者的比例；DW_{seq} 为后遗症的失能权重；T_C 为治疗时间。

疾病模型及 DALYs 计算公式中的参数包括：①年龄别发病率（P_x）：人在不同时期对 DBPs 的敏感度不一样，因此，需要将 DBPs 的终身癌症风险估计值划分到人生的不同时期[43]。为了与 DALYs 的单位（ppy）保持一致，需将 P_x 表示为每年的发病率。因此，P_x 可以按以下公式计算[44]，即 $P_x = IR \times RS_x / Sp_x$。其中，IR 为 6.2.3 节估计的终身癌症发病率；RS_x 为年龄 x 时对癌症的相对敏感度；Sp_x 用来转化单位，等于每个年龄组的年龄跨度值（0～1 岁和 1～5 岁年龄组分别等于 1 和 4，其他年龄组等于 5）。RS_x 通过中国癌症登记地区膀胱癌[45]、肝癌[46]和肾癌[47]的登记数据进行估计，将年龄别发病率除以总发病率获得，满足 $\sum_x RS_x = 1$。②年龄别生存率（S_x）：S_x 可以采用 5 年相对生存率估计[41]，而死亡率（M）与生存率（I）的比值的补数［1-（M/I）］是其很好的相似值[48]。同样的，采用中国癌症登记地区的癌症年龄别发病率和死亡率[45-47]计算 S_x。③持续时间（L）和失能权重（DW）：诊断和初步治疗期时间（L_D）、临终期时间（L_M）和终期时间（L_T）分别设为 4 个月、3 个月和 1 个月[42]。癌症的死亡时间（T_D）和治疗时间（T_C）采用挪威癌症登记处的数据[49]。根据疾病模型，分别计算治愈患者的治疗控制时间（L_{R1}）和死亡患者的治疗控制时间（L_{R2}）。DW 取自维多利亚州的疾病负担研究[50]。每个疾病阶段的 L 和 DW 的总结见表 6-4。④其他参数：人口数目（n_x）基于 2011 年我国人口结构的调查数据[51]。标准的生命期望（e^*）：基于西方模型寿命表[52]。膀胱癌的治愈者，后遗症包括尿失禁、阳痿和不育。各种后遗症的发生比例和失能权重见表 6-5，具体信息可参照其他文献［53，54］。

表 6-4　每个疾病阶段的持续时间（L）和失能权重（DW）

参数	癌症类型	诊断和初步治疗期	治疗控制期（L_{R1}/L_{R2}）	临终期	终期
DW	膀胱癌	0.27	0.18	0.64	0.93
	肝癌	0.43	0.20	0.83	0.93
	肾癌	0.27	0.18	0.64	0.93
	肺癌	0.72	0.47	0.91	0.93
	皮肤癌	0.056	0.056	0.81	0.93

续表

参数	癌症类型	诊断和初步治疗期	治疗控制期（L_{R1}/L_{R2}）	临终期	终期
L（年）	膀胱癌	0.33	3.67/1.53	0.25	0.083
	肝癌	0.50	4.5/0.0	0.25	0.083
	肾癌	0.42	4.58/1.95	0.25	0.083
	肺癌	0.50	5.50/0.00	0.25	0.083
	皮肤癌	0.08	4.92/0.59	0.25	0.083

注：L 的数据源见本书内容。

表 6-5　膀胱癌治愈者后遗症的发生比例和 DW

后遗症	发生比例	DW	数据源
尿失禁	5%	0.157	[53]
阳痿	10%	0.195	[54]
原发性不孕	<40 岁：16%	0.18	[54]
继发性不孕	40～60 岁：16%	0.10	

将四类 DBPs 癌症发病率的中值分别带入疾病模型，计算年龄别 DALYs；将各年龄组的 DALYs 损失相加并除以总人口数可以获得人均 DALYs 损失，其与癌症发病率的对比见表 6-6。WHO 的《饮用水水质准则》[1] 中规定，风险的参考水平定为 10^{-6} DALYs ppy，基本等同于 10^{-5} 的癌症发病率。四类 DBPs 总的人均 DALYs 损失为 1.56×10^{-6} DALYs ppy，为参考水平的 1.56 倍。各类 DBPs 的 DALYs 损失均小于 10^{-6} DALYs ppy，符合风险标准；而以等同的癌症发病率的参考水平（10^{-5}）衡量，TTHMs 和 THAAs 均处于超标状态，说明两种衡量尺度具有一定的差异性。

表 6-6　各类 DBPs 导致的 DALYs 损失值（基于发病率中值）

DBPs 类别	最大损失年龄组（DALYs 损失值）（DALYs py）^{a}	全部年龄组 DALYs 损失	增高的癌症发病率（$\times10^{-6}$）	人均 DALYs 损失（$\times10^{-6}$ DALYs ppy）
TTHMs	70～75 岁（118.78）	791.38	23.49	0.59
THAAs	70～75 岁（71.65）	477.39	14.17	0.35
NDMA	50～55 岁（129.37）	818.90	4.45	0.61
溴酸盐	50～55 岁（2.22）	15.14	0.38	0.01
总计	50～55 岁（260.45）	2 102.81	42.49	1.56

注：a py，即 per year。

6.3 氟化物的 DALYs 计算

6.3.1 引言

氟是人体所必需的微量元素，摄入过少会导致龋齿，但过量则产生地方性氟中毒（简称地氟病），主要表现为氟斑牙和氟骨症。在饮用水型病区，饮用水氟含量过高是致病的主要原因。为了与其他污染物的健康风险进行比较，本节将采用 WHO 推荐的标准指标 DALYs 评价饮水氟造成的疾病负担。

根据国内外饮用水氟的风险评价调研工作，为估算我国饮用水氟的基于 DALYs 的健康风险，需要解决的关键问题是如何建立合理的剂量-效应曲线，以及如何处理患病率和发病率间的关系。本次水质调查结果显示，我国城市供水的饮用水氟含量普遍偏低，不会造成氟骨症。因此，需要确定饮用水氟含量与氟斑牙患病率间的关系。

儿童氟斑牙患病率是灵敏的地氟病指标，许多研究表明，它与饮用水氟含量呈正相关关系[55,56]，但这些都是从地方调查的小尺度上确立的剂量-效应关系。虽然具有较高的精度和相关性，但由于局部的特殊性，无法直接应用于全国患病率的估计。因此，必须统合分析全国的剂量-效应数据。Meta 回归提供了一种可行的方法，它可以对多个研究的剂量-效应数据进行综合，获得整体的相关关系[57]。为了提升拟合效果，将其与分式多项式（fractional polynomial，FP）相结合[58]。

本节将首先基于 FP 对全国饮用水氟含量与氟斑牙患病率的调查数据进行 Meta 回归分析，建立两者的剂量-效应关系；其次，通过一些简单的假设，建立患病率与发病率之间的关系，将估算的患病率转换为发病率；最后，计算 DALYs。

6.3.2 数据的初步分析

对饮用水氟，采集的样本数共有 147 个，其中，检出饮用水氟的样本有 137 个，检出率为 93.2%。由于每座自来水厂的供水人数不一样，根据自来水厂的日供水量对浓度数据进行加权处理，然后进行参数分布拟合。全国饮用水中氟化物浓度的供水加权直方图和箱型图如图 6-4 所示。所有样本的检测浓度均低于我国《生活饮用水卫生标准》（GB 5749—2006）的规定限值（1.0mg/L），浓度值为 0.001 ~ 0.93mg/L，均值和中位数分别为 0.29mg/L 和 0.26mg/L。加权浓度值的

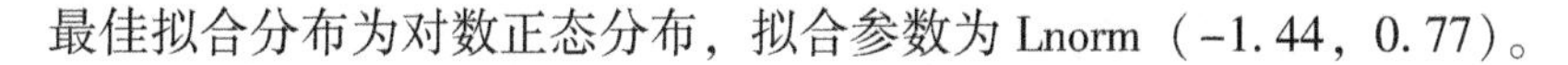

最佳拟合分布为对数正态分布，拟合参数为Lnorm（-1.44，0.77）。

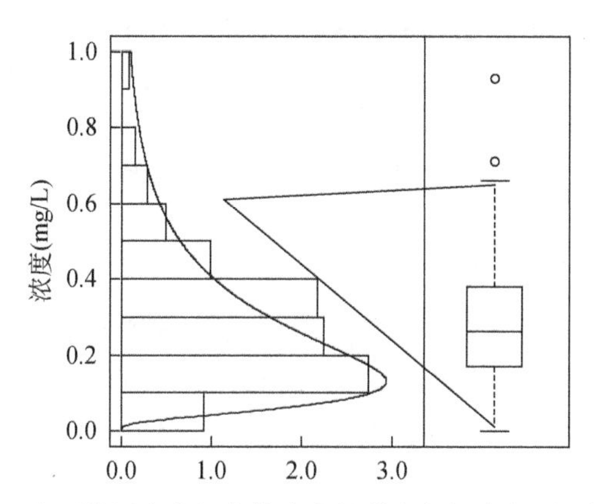

图6-4 全国饮用水中氟化物浓度的供水加权直方图和箱型图

6.3.3 剂量-效应关系的建立

6.3.3.1 概述

以“氟斑牙，氟（饮水氟）”为中文主题词检索中国生物医学文献数据库（China biology medicine disc，CBMdisc）、中国期刊网全文数据库（CNKI）、维普数据库和万方数据库；以“fluorosis，fluoride”为英文主题词检索Cochrane Library、EMbase、ISI Web of Knowledge和PubMed等外文数据库；时间范围定为1990年至2013年12月。同时，结合手工检索的方法查找《第二次全国口腔健康流行病学抽样调查》[59]和2001～2002年全国地方性氟中毒重点病区调查数据[60]。

录入标准包括：①中、英文的全文一次文献；②研究类型为横断面研究，采用随机抽样调查方法，调查地点为中国；③氟斑牙的鉴定采用统一标准方法，饮用水氟含量的测定采用离子选择电极法；④有成对的氟斑牙患病率和饮用水氟含量的数据，同时要说明调查总人数或患病人数。

浓度初步分析结果表明，我国城市供水的饮用水氟含量均小于我国《生活饮用水卫生标准》（GB 5749—2006）的上限值（1mg/L），根据《地方性氟中毒病区划分标准》（GB 17018—1997）（此标准已作废，为GB 17018—2011取代），属于非病区。研究表明，尽管一些高氟病区经过改水工作，饮用水氟含量已经降低，但改水前的高氟摄入仍反映到了患病率数据中[61]，因此，为了获得更符合非病区情况的剂量-效应曲线，将排除病区调查数据。

排除标准包括：①不符合录入标准；②带有重复数据的文献，以最新最全的数据为准，其余文献排除；③调查数据来自病区。

根据录入、排除标准，通篇阅读文献资料进行筛选，摘录可用调查数据，包括调查总人数、患病人数、患病率和饮用水氟含量，并作二次比对检查，最后共获得46组可用数据组，均来自《第二次全国口腔健康流行病学抽样调查》[59]及2001～2002年全国地方性氟中毒重点病区调查数据[60]。

6.3.3.2 剂量-效应关系

采用pool-first方法，先集中数据，然后进行趋势研究。该方法可以拟合各种曲线关系，方便对模型进行扩展，包括除剂量外的协变量进入方程，解释异质性来源；当趋势为线性时，在代数上与传统的pool-after方法相同[62,63]。

氟斑牙患病率 P 通过随机抽样调查获得，因此，具有抽样误差 $S=\sqrt{\frac{P(1-P)}{n}}$（$n$ 为调查总人数）。汇总数据的散点图如图6-5所示，其中，点的大小与数据的精度［以方差的倒数表示，$1/\mathrm{Var}(P)=1/S^2$］成正比。饮用水氟含量与氟斑牙患病率呈现明显的正相关关系，但数据的精度分布不均匀。考虑到不同数据组的质量差异，为强化高质量数据对模型的影响，最大化参数估计的效率，需对数据赋予不同的权重，其大小应等于其方差的倒数[64]。该权重项将在确定最佳FP结构时被运用。

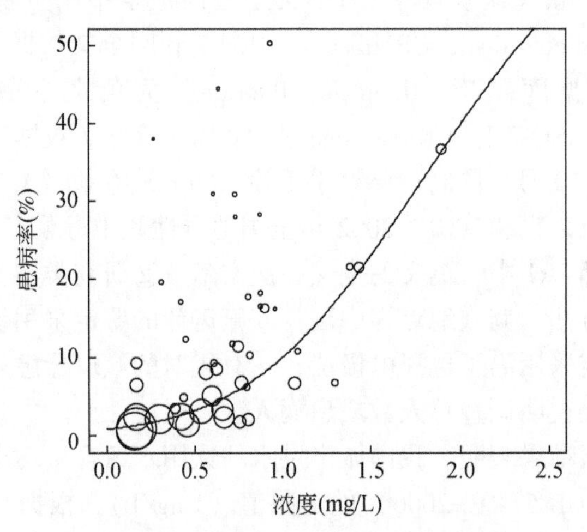

图6-5 最佳随机FP模型的拟合效果

P 只在（0，1）区间上变化，为使其能在（$-\infty$，$+\infty$）变化，需进行Logit变换：$\mathrm{Logit}(P)=\ln\left(\frac{P}{1-P}\right)$。定义 M 阶分式多项式模型为

$$\text{Logit}(P \mid x) = \alpha + \sum_{m=1}^{M} \beta_m x^{s_m} \tag{6-5}$$

模型描述了 Logit（P）与经过幂变换的摄入剂量 x 之间的函数关系[65]。阶数 M 一般取 1、2，因为二阶模型已经可以提供各种可能的趋势关系，而当阶数超过 2，曲线将会产生虚假的拐点[58]。幂参数 s_m 从集合 $S=\{-2, -1, -0.5, 0, 0.5, 1, 2, 3\}$ 中选择。因此，一阶模型（FP1）共有 8 种表达式，二阶模型（FP2）共有 36 种表达式。幂的表达遵循了 Box-Tidwell 变换[66]：当 $s_m=0$ 时，x^{s_m} 代表 log（x）；当 $s_1=s_2=s$ 时，模型右端变成 $\alpha+\beta_1 x^s+\beta_2[x^s \log(x)]$。

首先，拟合 FP1。模型的筛选标准为 deviance 值，它等于−2 倍的对数似然值，值越小表明拟合效果越好。为方便比较，将 $s=1$（线性）时的 deviance 值作为基准，减去各个 FP1 的 deviance 值获得差值。差值越大，说明拟合效果越好[67]。对最佳 FP1 的 deviance 差值作 χ^2（df=1）检验。如果检验显著，说明最佳 FP1 优于线性 FP1，否则反之[68]。FP1 模型的拟合效果见表 6-7。$s=0.5$ 时的拟合效果最佳，deviance 差值为 5.6，χ^2 检验显著（$P=0.018$），说明对数变换 FP1 要显著优于线性 FP1（一般 logistic 模型）。

表 6-7　FP1 模型拟合效果的比较

幂参数 s	deviance	deviance 差值
-2	2 185.4	-1 307.0
-1	1 821.5	-943.1
-0.5	1 497.3	-618.9
0	1 119.5	-241.1
0.5	872.9	5.6
1	878.4	0.0
2	1 267.7	-389.3
3	1 610.0	-731.6

其次，拟合 FP2。为了方便比较最佳 FP1 与各个 FP2 的拟合效果，计算两者的 deviance 差值，对其作 χ^2(df = 2) 检验。如果检验显著，则 FP2 更优，否则反之[68]。FP2 模型与最佳 FP1 的比较结果见表 6-8。当 $s_1=1$，$s_2=2$ 时，FP2 拟合效果最佳，deviance 差值为 29.7，检验结果十分显著（$P<0.001$），说明最佳 FP2 的拟合效果显著优于最佳 FP1，对应 $s_1=1$，$s_2=2$ 为最佳 FP 结构。

表 6-8 FP2 模型拟合效果的比较

s_1	s_2	deviance 差值	s_1	s_2	deviance 差值	s_1	s_2	deviance 差值
-2	-2	-500. 2	-1	1	22. 1	0	2	7. 5
-2	-1	-221. 6	-1	2	-30. 8	0	3	-17. 5
-2	-0. 5	-100. 1	-1	3	-105. 9	0. 5	0. 5	27. 7
-2	0	-15. 2	-0. 5	-0. 5	1. 8	0. 5	1	26. 5
-2	0. 5	24. 0	-0. 5	0	21. 0	0. 5	2	22. 9
-2	1	21. 1	-0. 5	0. 5	28. 1	0. 5	3	18. 6
-2	2	-60. 7	-0. 5	1	23. 3	1	1	28. 1
-2	3	-171. 4	-0. 5	2	-11. 8	1	2	29. 7
-1	-1	-84. 0	-0. 5	3	-62. 6	1	3	28. 7
-1	-0. 5	-27. 4	0	0	27. 0	3	3	-213. 9
-1	0	11. 0	0	0. 5	-84. 0	2	2	4. 5
-1	0. 5	27. 2	0	1	24. 8	2	3	-59. 8

以上过程中的权重项仅考虑了研究内的方差，得到的最佳 FP 模型为固定效应模型。由于研究间异质性来源的复杂性，许多学者推荐在固定效应模型基础上建立随机效应模型，它可以综合未被剂量解释的异质性[69]。

随机效应模型需在原来的权重项中增加研究间的方差项 τ^2，它代表了研究间残留的异质性[70]。令原权重为 $w_i = \xi_i^{-1}$，ξ_i 为单个研究的方差，$i=1, 2, \cdots, m$；则新的权重需调整为 $w_i = (\xi_i + \tau^2)^{-1}$。有多种方法可以估计 τ^2，本节采取常用的限制极大似然（restricted maximum likelihood，REML）法估计[70]，可表示为

$$\tau^2 = \frac{\sum_{i=1}^{k} \hat{w}_i^2 \{[k/(k-2)](y_i - \hat{y}_i)^2 - \xi_i\}}{\sum_{i=1}^{k} \hat{w}_i^2} \tag{6-6}$$

τ^2 需用迭代法进行求解[71]，其估计值为 0. 0149，将新的权重项带入最佳 FP 结构作加权回归，可获得最佳随机 FP 模型，其拟合效果如图 6-5 所示。将模型进行反 Logit 变换，得饮用水氟含量与氟斑牙患病率的剂量-效应关系为

$$P = \frac{1}{1 + 46.99 \exp(0.34x^2 - 3.85x)} \tag{6-7}$$

6. 3. 4 DALYs 的计算

6. 3. 4. 1 疾病终点的确定

大量调查数据表明，一般饮用水氟浓度在 3mg/L 以下时，氟骨症的患病率

很低，基本不发生致残患者[60]。我国城市供水的饮用水氟浓度均小于 1mg/L。因此，对饮用水氟引起的疾病终点，仅考虑氟斑牙。

氟斑牙按病情严重程度分为可疑、极轻度、轻度、中度和重度五种类型[59]。极轻度和轻度两种类型的氟斑牙不会对口腔健康相关的生活质量造成不利的影响，有时候甚至能起促进作用[72]，因此，计算时只考虑中度和重度两种类型。

6.3.4.2 参数估计

由于氟斑牙不属于致死疾病终点，DALYs 的计算只考虑 YLDs，按以下公式进行计算：

$$\mathrm{YLDs} = \sum_{a} N \times i \times L_a \times \mathrm{DW}_a \times P_a \tag{6-8}$$

式中，a 为中度或重度氟斑牙；N 为危险暴露的人口数；i 为发病率；L 为持续时间；DW 为失能权重；P 为各类型氟斑牙发病人数的比例。以下将说明各个参数的确定过程。

N：一般认为氟斑牙的发病期在儿童时期。6 ~ 12 岁，患病率随着年龄增长递增；13 ~ 18 岁，患病率趋于稳定[73]。因此，本节将 6 ~ 12 岁的人群认定为危险暴露人口。根据我国 2011 年的年鉴数据，我国 5 ~ 10 岁和 10 ~ 15 岁的人口数分别为 7209 万和 7350 万[51]。假设 5 ~ 15 岁每一岁的人口数相同，可以计算 6 ~ 12岁的人口数为 8735. 4 万。

i：将饮用水氟浓度的参数分布带入最佳随机 FP 模型，获得的氟斑牙患病率分布估计如图 6-6 所示。患病率为 2. 22% ~ 99. 88% 波动，其均值和中值分别为 9. 34% 和 5. 03%。为了与其他基于发病率的疾病负担可比，需将其转换为发病率。将 6 ~ 12 岁分为 6 ~ 7 岁，7 ~ 8 岁，…，11 ~ 12 岁六个年龄组，假设每个年龄组每年的发病率相同，均为 i，则在调查时，各个年龄组的患病率分别为 i，$2i$，…，$6i$。用于估计剂量–效应曲线数据对中，分别有 32 对和 14 对来自 8 ~ 12 岁和 12 ~ 15 岁人口的调查数据，其平均患病率分别为 $4.5i$ 和 $6.0i$。简单地按数据对数量进行加权平均，则可确定调查人口的平均患病率为 $4.96i$。因此，确定患病率（p）与发病率（i）之间关系为 $i = p/4.96$，每年的氟斑牙发病率为 0. 45% ~ 20. 13%，其均值和中值分别为 1. 88% 和 1. 01%。

L：如果氟斑牙患者接受治疗，则病程持续时间分为治疗前时间和治疗时间；如果不接受治疗，则持续时间为发病后的余生。因此，该参数的确定与我国氟斑牙患者的就诊率有关。目前，该参数尚无准确的调查数据，需从其他相关资料进行估算。根据我国牙科就诊率的波动范围（20% ~ 50%）[74-79]，取平均值 35%。全部患者的平均病程持续时间为 $L = P_{\mathrm{Treated}} \times T_{\mathrm{Treated}} + (1 - P_{\mathrm{Treated}}) \times T_{\mathrm{Untreated}}$，其中，$T_{\mathrm{Treated}}$ 和 $T_{\mathrm{Untreated}}$ 分别为治疗患者和不治疗患者的病程时间，P_{Treated} 为就诊率。氟斑

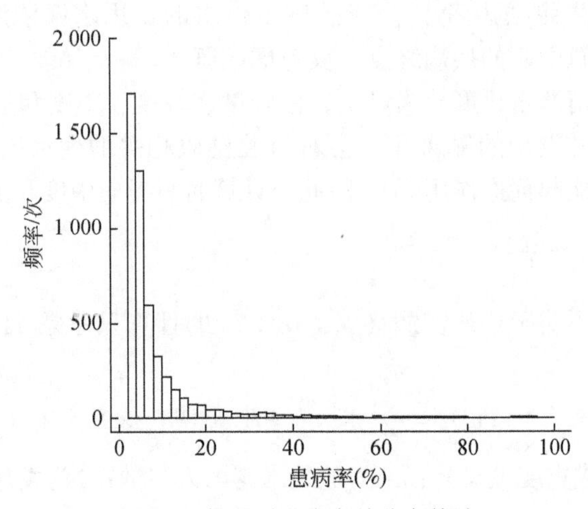

图 6-6 氟斑牙患病率的分布估计

牙的平均发病年龄为 9 岁。因此，对不治疗的患者，$T_{Untreated}$为 9 岁时的期望寿命，即 67 年[51]；对接受治疗的病患，治疗时间与治疗方法有关。目前，Beyond 冷光牙齿美白技术治疗氟斑牙在临床上得到了较多的研究和应用，具有安全、快捷及无并发症等优点，因此，本研究以此治疗技术作为计算 $T_{Treated}$的依据。冷光牙齿美白技术不合适 16 岁以下的患者采用[80]，氟斑牙的平均发病年龄为 9 岁，因此，治疗前的持续时间为 7 年。假设就诊患者 16 岁会立即就诊，且如果第一次治疗无效后，次年仍会继续就诊，直至见效，则治疗时间（T_C）可以表示为 $T_C = \sum_i i \times Cured_i$，$Cured_{i+1} = Treated \times (1 - \sum_i Cured_i)$。其中，$Cured_i$为第 i 年治愈的比例，满足 $\sum_i Cured_i = 1$；Treated 为氟斑牙的疗效，对中度氟斑牙，Treated = 90%；对重度氟斑牙，Treated = 70%[81]。当治愈率达 99.9%（$\sum_i Cured_i > 0.999$）时，停止迭代过程，得到中度和重度氟斑牙的平均治疗时间分别为 1.11 年和 1.42 年。因此，$T_{Treated}$分别为 8.11 年和 8.42 年，对应的 L 分别为 46.39 年和 49.43 年。

DW：中度氟斑牙常见牙齿棕色着色，形态无变化，因此，认为只存在美观上的问题。根据澳大利亚的口腔疾病负担研究，权重定为 0.002[82]。重度氟斑牙的牙釉质严重发育不全，牙面有广泛着色，牙齿常呈侵蚀样外观，其造成的生命质量的损失包括美观问题和牙齿缺损。牙齿完全缺失时的失能权重为 0.004[82]，因此，重度氟斑牙的失能权重为 0.002～0.004，取中间值 0.003。

P：根据《第二次全国口腔健康流行病学抽样调查》，我国 11 个省份的氟斑牙患者的病情分类情况见表 6-9。因此，对中度和重度氟斑牙，P_a 分别为

17.21% 和 6.36%。

表 6-9 我国 11 个省市的氟斑牙患者的病情分类

分类	可疑	很轻度	轻度	中度	重度	总数
人数	2 010	1 173	890	917	339	5 329
比例/%	37.72	22.01	16.70	17.21	6.36	100

将各参数估计值代入式（6-8）中，分别计算中度、重度氟斑牙引起的疾病负担及总疾病负担。总疾病负担的中值除以我国总人口数[51]可以获得人均疾病负担值，结果见表 6-10。

表 6-10 中度、重度氟斑牙引起的疾病负担（就诊率为 35%）

氟斑牙类型	总疾病负担（DALYs py）			人均疾病负担
	范围	均值	中值	（$\times 10^{-6}$ DALYs ppy）
中度	6 675 ~ 260 768	26 222	14 087	10.46
重度	3 707 ~ 156 002	14 569	7 827	5.81
总计	10 382 ~ 416 770	40 791	21 914	16.27

6.4 饮水砷的 DALYs 计算

6.4.1 概述

摄入砷污染的饮用水会导致许多严重的健康问题。其中，皮肤病变是最为常见的，包括黑变病、色素沉着和皮肤角化。同时，砷也是一种已被确认的人类致癌物质，在 US EPA 的 IRIS 分类信息中，它属于 A 类致癌污染物[83]，充分的研究证据表明，饮用水中的无机砷暴露会导致皮肤癌和多种内脏癌。本次水质调查数据显示，我国饮水砷的检出率达到 43.8%，可能对公众健康造成潜在的危害，因此，极有必要对其进行健康风险评价。为了与其他污染物的健康风险进行比较，将采用 WHO 推荐的标准指标 DALYs 进行评价。

目前，已有许多估算饮水砷疾病负担的研究，主要分为两种方法。Lokuge 等[6]、Adamson 和 Polya[84]采用的方法不可计算皮肤癌的疾病负担，存在一定缺陷。Howard 等[7,8]利用 Yu 等[85]研究的饮水砷的剂量-效应模型估算发病率，并在 Havelaar 和 Melse[2]的计算假设下，代入 DALYs 的经验公式[52]计算疾病负担。

在计算的过程中，Howard 采用了许多由 Havelaar 和 Melse 估算得来的平均参数值，所得结果较为粗糙。

因此，本节利用 Howard 计算方法的整体框架，选取合适的剂量-效应曲线分别估算各种疾病终点的年龄别患病率，同时将年龄别患病率转换为年龄别发病率，最后代入 WHO 设计的疾病模型中估算年龄别 DALYs 损失，获得更加精细的计算结果。

6.4.2　数据的初步分析

对砷浓度的测定，采集的样本数共有 146 个，其中，检出的样本数有 64 个，检出率为 43.8%。饮用水中砷浓度的供水加权直方图和箱型图如图 6-7 所示。所有样本中的砷浓度均低于我国《生活饮用水卫生标准》（GB 5749—2006）规定的限值（10μg/L），浓度为 0.05 ~ 8.00μg/L，其均值和中位数分别为 1.14μg/L 和 0.79μg/L。加权浓度数据的最佳拟合分布为对数正态分布，拟合参数为 Lnorm（-0.25，0.86）。

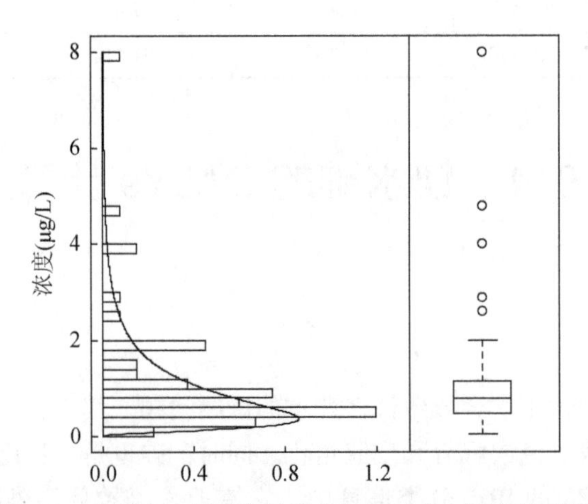

图 6-7　饮用水中砷浓度的供水加权的直方图和箱型图

将砷的浓度分布代入式（2-1）可获得其暴露分布，式（2-1）中的参数取值见表 2-3。砷的 CDI 中值为 0.0052μg/(kg · d)，其 95% 置信区间为 0.000 28 ~ 0.086μg/(kg · d)，远低于 US EPA 估算的饮水砷的 RfD 水平［0.3μg/(kg · d)］。

6.4.3　疾病终点的确定

高饮水砷暴露会导致许多健康问题，其中，因果关系证据最强的影响包括皮肤病变（如色素沉着、角化过度）、皮肤癌、肺癌、肝癌和膀胱癌[86]，本节将初步考虑这几种疾病终点。其他的健康影响（如肾癌，对前列腺、心血管、内分泌、生殖及认知功能的有害影响[7,86,87]）都基于非确凿的证据，将不作考虑。

水砷浓度数据的初步分析和暴露分析结果表明，我国城市供水的水砷浓度极低（中值为 0.79μg/L，范围为 0.05 ~ 8.00μg/L），其 CDI 仅为 0.0055μg/(kg · d)[95% CI 为 0.00 ~ 0.10μg/(kg · d)]。而 US EPA 估计饮用水中砷的 RfD 为 0.3μg/(kg · d)，认为在该摄入水平下不会导致可观察到的有害健康影响[83]。Guha Mazumder 对 7683 位西孟加拉邦居民的调查结果表明，导致皮肤病变的最低水砷浓度为 50μg/L[88]，而在世界其他各国进行的调查结果均与其一致[89-91]。我国内蒙古自治区、新疆维吾尔自治区和广东省的调查结果显示，致病的最低水砷浓度分别为 50μg/L、110μg/L 和 50μg/L；台湾省的水砷浓度为 100 ~ 350μg/L 时，乌脚病的患者只占 3.2%[92-95]。综上所述，本研究认为本次调查的水砷浓度不会导致皮肤病变的健康影响。

日本的流行病学研究表明，水砷浓度在 0.05 ~ 0.99μg/L 时，仍会导致肺癌危险度的增加[90]。目前，尚不明确砷致癌的作用方式，默认其为无阈值的致癌方式。因此，本研究最终考虑的疾病终点为皮肤癌、肺癌、肝癌及膀胱癌。

6.4.4 剂量–效应关系的确定

由于饮水砷致癌需要很长的暴露时间（>20 年）[96-98]，我国缺乏足够的流行病学数据。目前，世界各国普遍采用台湾省的调查数据[99,100]建立剂量–效应关系，本节将采用已有的连续型模型进行估算。

US EPA 基于台湾省的流行病学数据[100]建立了饮水砷和皮肤癌的剂量–效应关系，以估计不同年龄及不同砷暴露量下的皮肤癌患病率[101]。由于缺乏足够的信息去评估砷致癌的作用机制，US EPA 保守地假设在低剂量时呈线性关系，采用广义多阶段模型进行拟合，其参数形式如下式所示：

$$P(t,\ d) = 1 - \exp[-(q_1 d + q_2 d^2)(t - m)^k H(t - m)] \tag{6-9}$$

式中，$P(t,\ d)$ 为患皮肤癌的人群比例（%）；t 为年龄（岁）；d 为暴露量 [μg/(kg · d)]；H 为赫维赛德函数，当 $t<m$ 时，$H(t-m)=0$；当 $t>m$ 时，$H(t-m)=1$；q_1、q_2、k、m 均为非负参数，砷致癌的剂量–效应曲线的不同性别的不同癌症的参数值见表 6-11。

表 6-11 砷致癌的剂量–效应曲线的不同性别的不同癌症的参数值

项目	参数	q_1	q_2	k	m
肺癌	男性	1.4672×10^{-11}	0	3.919 5	21.494 6
	女性	0	6.1194×10^{-14}	3.513 7	17.097 8
肝癌	男性	3.6947×10^{-14}	4.9984×10^{-13}	2.905 4	16.899 8
	女性	2.8015×10^{-11}	4.9395×10^{-13}	2.728 2	25.942 0
膀胱癌	男性	0	7.3394×10^{-17}	5.130 6	14.702 5
	女性	0	2.2225×10^{-13}	3.473 2	33.036 5
皮肤癌	男性	1.06619×10^{-8}	5.58064×10^{-10}	2.903	6.867 0
	女性	0	2.38789×10^{-10}	3.233	9.000 0

Chen[102]和 NRC[87]基于台湾省调查数据[99]建立了饮水砷与内脏癌的剂量–效应关系。Chen 估计了不同年龄段人口在不同砷暴露量下肺癌、膀胱癌、肝癌和肾癌的发病率，而 NRC 仅估计了前三种癌症的发病率。本节利用 NRC 建立的模型，将癌症发病率表示为连续的剂量和年龄的函数，其参数形式如式（6-10）所示：

$$h(c, t) = k(q_1c + q_2c^2)(t - m)^{k-1}H(t - m) \tag{6-10}$$

式中，$h(c, t)$ 为内脏癌症的发病率，c 为浓度（μg/L），其他变量和参数的意义同式（6-9）。砷致癌的剂量–效应曲线的不同性别的不同癌症的参数值见表 6-11。

基于饮水砷浓度分布的中值，计算年龄别皮肤癌的患病率及肺癌、肝癌和膀胱癌的年龄别发病率。将年龄别皮肤癌的患病率转换为发病率[103]，各类癌症的年龄别发病率结果如图 6-8 所示。在给定的暴露砷含量下，随着年龄的增加，各类癌症风险增加。因为年龄越大，饮水砷的暴露时间越长。将各年龄组的发病率乘以各年龄组的年龄区间长度（0 ~ 1 岁和 1 ~ 5 岁年龄组分别等于 1 和 4，其他年龄组等于 5），然后相加，可以获得癌症的终身发病率。不同癌症的终身风险排序为皮肤癌（4.17×10^{-5}）>肺癌（1.67×10^{-5}）>肝癌（1.82×10^{-7}）>膀胱癌（7.10×10^{-9}），总的终身致癌风险为 5.87×10^{-5}。US EPA 规定癌症风险的限制区间为 10^{-6} ~ 10^{-4}[33]。饮水砷导致的总的终身致癌风险在该限值区间内，但比可忽略的癌症风险（10^{-6}）高约 58 倍。而对不同癌症来说，膀胱癌和肝癌的风险是可以忽略不计的，皮肤癌和肺癌的风险分别比可忽略风险高约 41 倍及 16 倍。

6.4.5 DALYs 的计算

根据 WHO 的疾病模型（图 6-3），将皮肤癌、肝癌、肺癌和膀胱癌的年龄别

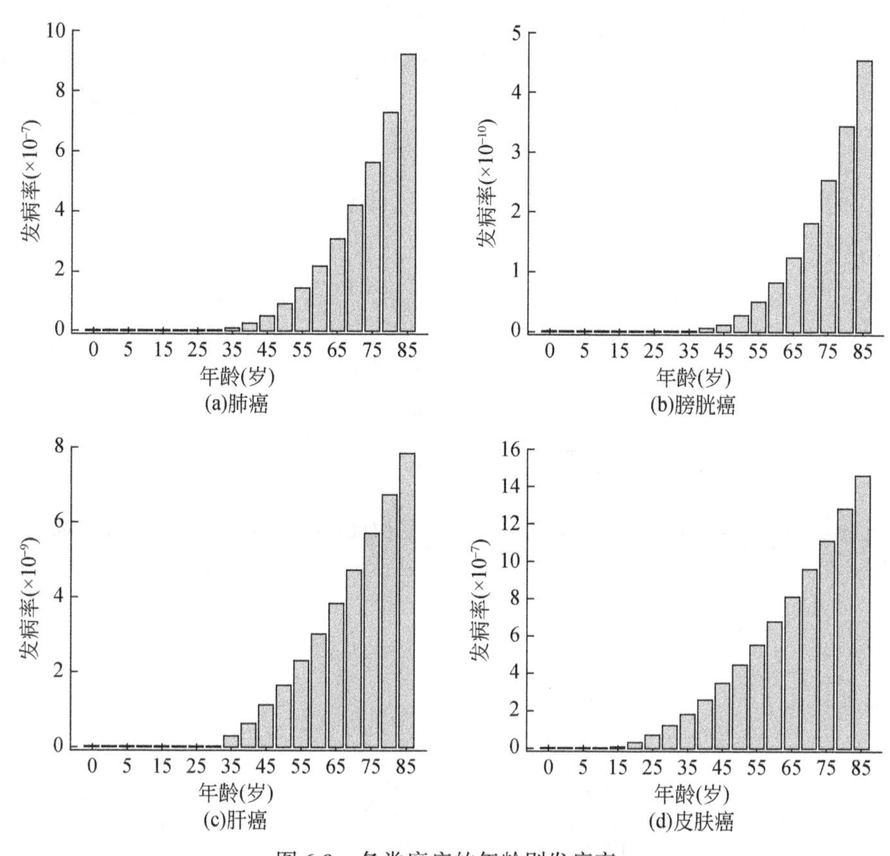

图 6-8 各类癌症的年龄别发病率

发病率（P_x）代入式（6-3）和式（6-4）计算其 DALYs 损失，具体过程参照 6.2.4 节。肝癌和膀胱癌的计算参数取值情况见表 6-4 和表 6-5，肺癌和皮肤癌的参数取值情况如下：①年龄别生存率（S_x）：肺癌的 S_x 采用中国癌症登记地区的肺癌年龄别发病率（I）和死亡率（M）[104] 进行估计。砷引起的皮肤癌为非黑色素瘤皮肤癌，其治愈率很高，但是，我国没有此类癌症的登记信息。据文献研究，砷引起的皮肤癌仅有 10% 会最终导致死亡[105]，因此，将皮肤癌的 S_x 定为 90%。②持续时间（L）和失能权重（DW）：由于缺乏相应的癌症登记信息，本节将近似采用黑色素瘤的病程时间估计砷导致的皮肤癌的病程时间。肺癌与黑色素瘤的死亡时间（T_D）和治疗时间（T_C）采用挪威癌症登记处数据[49]。L_D、L_M、L_T 及 L_{R1}/L_{R2} 的确定参照 6.2.4 节。DW 取自维多利亚州的疾病负担研究[50]。每个疾病阶段 L 和 DW 的总结见表 6-4。③其他参数参照 6.2.4 节。

基于饮水砷浓度分布的中值，不同癌症的年龄别 DALYs 损失结果如图 6-9 所示。肺癌、膀胱癌、肝癌和皮肤癌的 DALYs 损失最大的年龄组分别为 55 ~ 60 岁（261.4 DALYs py）、70 ~ 75 岁（0.032 DALYs py）、55 ~ 60 岁（4.57 DALYs py）和 45 ~ 50 岁（181.90 DALYs py）。其中，皮肤癌的疾病负担分布是偏年轻化的，这与其发病的潜伏期相对于其他三种癌症最短有关[96-98]。

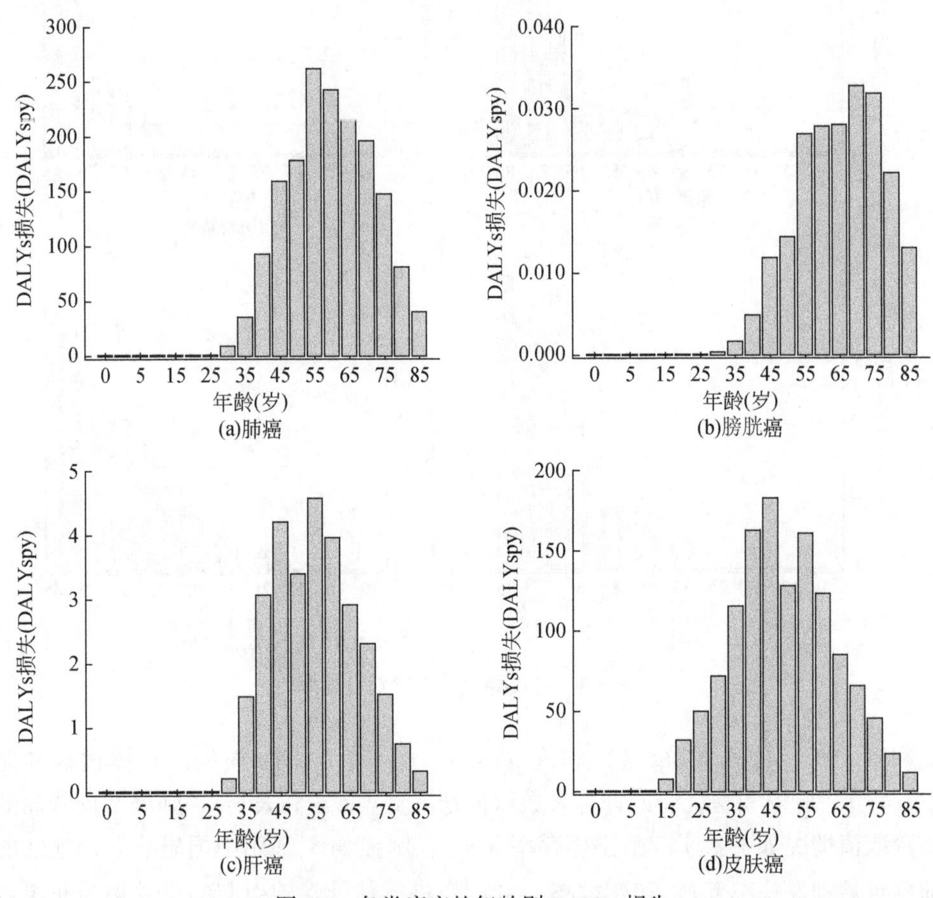

图 6-9　各类癌症的年龄别 DALYs 损失

将不同癌症的所有年龄组的 DALYs 相加得总的 DALYs 损失，除以我国的总人口数，可获得人均 DALYs 损失，结果见表 6-12。饮水砷引起各类癌症的 DALYs 损失大小排序为肺癌>皮肤癌>肝癌>膀胱癌。其中，肺癌和皮肤癌分别占总疾病负担的 56.2% 和 42.8%，而肝癌和膀胱癌的疾病负担几乎可以忽略不计。WHO 的《饮用水水质准则》[1] 中规定的参考水平定为 10^{-6} DALYs ppy，饮水砷引起的总疾病负担（2.19×10^{-6} DALYs ppy）约为该参考水平的两倍，四类癌症中只有肺癌的疾病负担略超该值。

对比以发病率表示的癌症风险可以发现，皮肤癌的发病率要高于肺癌，而以 DALYs 表示时，肺癌的风险度要更大。这是由于皮肤癌是一种非致死癌症，而肺癌是一种严重的致死癌症，皮肤癌的例均 DALYs 损失值（3.44DALYs per case）要远低于肺癌（17.04DALYs per case）。

表 6-12　砷引起的总疾病负担及人均疾病负担（基于浓度分布）

类型	总疾病负担（DALYs py）		人均疾病负担（$\times10^{-6}$ DALYs ppy）	
	范围	中值	范围	中值
肺癌	89.3～26 859.7	1 657.5	0.07～19.94	1.23
膀胱癌	0.0～56.4	0.2	0.00～0.04	0.00
肝癌	1.5～561.8	28.8	0.00～0.42	0.021
皮肤癌	67.6～20 494.5	1 262.2	0.05～15.21	0.94
总计	158.5～47 972.4	2 948.8	0.12～35.61	2.191

6.5　污染物的风险排序

6.5.1　疾病经济负担

6.2～6.4 节分别以 DALYs 对饮用水中的四类 DBPs、氟化物及砷进行了风险评价，估算了其对人体可能造成的疾病经济负担。相对于其他评价指标，DALYs 增加了一个公共健康尺度。本节利用前几节获得的风险估计量（发病率和 DALYs 损失）估算这几类污染物质可能会对个人和社会造成的疾病经济负担（economic burden of disease，EBOD），增加一个经济衡量尺度，为饮用水管理的决策者提供更多的信息。为了更全面地比较饮用水中病原微生物、致癌与非致癌污染物各类代表污染物的健康风险，本节根据第 3 章中隐孢子虫的疾病负担估计结果[5]，也计算其 EBOD，进行风险比较。

EBOD 是指由于发病、伤残失能和过早死亡给患者本人及社会带来的经济损失和由于预防治疗疾病所消耗的经济资源。从理论上讲，总的 EBOD＝直接经济负担+间接经济负担+无形经济负担。其中，疾病的无形经济负担主要是指由于疾病给患者及家属带来的忧伤和痛苦等精神等方面的损失，测算起来比较困难，目前尚无比较直接的测量方法，所以暂不考虑。

6.5.1.1 直接经济负担

直接经济负担指直接用于预防和治疗疾病的总费用，包括个人、家庭和社会用于疾病和伤害预防、诊治及康复过程中直接消耗的各种医疗费用[106]。本研究的直接经济负担仅包括直接医疗成本，即患者患病产生的门诊、住院和药品费用，不包含交通费及误工费等非医疗成本。采用以下公式进行计算：

直接经济负担 = 人口数 × 发病率 × 每例患者的平均直接经济负担水平 (6-11)

其中，隐孢子虫病的发病率为149/10万人[5]，主要表现为腹泻，例均直接治疗费用取自嘉兴市的调查数据（94.96元）[107]。对癌症，例均直接经济负担=癌症年均费用×癌症平均持续时间，而癌症平均持续时间=治愈者持续时间×存活率+未治愈者持续时间×（1−存活率），治愈者和未治愈者的病程持续时间取自文献资料[42]，存活率通过我国的癌症登记资料[45-47,104]进行估计。对氟斑牙，例均直接经济负担=氟斑牙治疗次均费用×平均治疗次数×就诊率。根据调查资料，氟斑牙Beyond冷光美白治疗方法的次均治疗费用与地区和病情严重程度有关，基本为2000～3000元，因此，取中度、重度氟斑牙次均治疗费用分别为2000元和3000元，平均治疗次数来自6.3.4.2节“参数估计”。患者例均直接医疗费用的计算参数值总结见表6-13。

表6-13 患者例均直接医疗费用计算参数值

污染物类型	疾病类型	年均/次均费用（元）	治疗持续时间（年）/治疗次数（次）	例均直接医疗费用（元）
DBPs/砷	膀胱癌	17 664.66	3.27	57 763.44
	肝癌	18 646.03	0.68	12 679.30
	肾癌	18 592.52	4.32	80 319.69
	肺癌	20 050.67	1.28	25 665.86
	皮肤癌	17 613.73	4.60	81 023.16
氟化物	中度氟斑牙	2 000	1.11	2 220.00
	重度氟斑牙	3 000	1.42	4 260.00
腹泻	隐孢子虫	94.96	—	95.96

6.5.1.2 间接经济负担

间接经济负担是指由于发病和失能等原因，每人每年因病缺勤而减少工作时间所造成生产力的损失、缺勤减少的收入和因过早死亡所造成未来收入减少的现值。本节采用人力资本法（human capital approach，HCA）计算各疾病因 DALYs 损失所带来的社会经济损失，并考虑到各年龄组生产力水平的不同给予一定的权重[108]。间接经济负担的计算公式为

$$间接经济负担 = 人均 GDP^{①} \times DALYs \times 生产力权重 \tag{6-12}$$

式中，人均 GDP 取 2012 年我国的人均 GDP 数据（38 420 元）[51]；0 ~ 14 岁、15 ~ 44 岁、45 ~ 59 岁、≥60 岁的生产力权重取值分别为 0. 15、0. 75、0. 80、0. 1[109]。

6. 5. 1. 3 计算结果

各类污染物造成的疾病经济负担总结见表 6-14，其直接经济负担、间接 YLLs 经济负担及间接 YLDs 经济负担占总疾病经济负担的比例如图 6-10 所示。

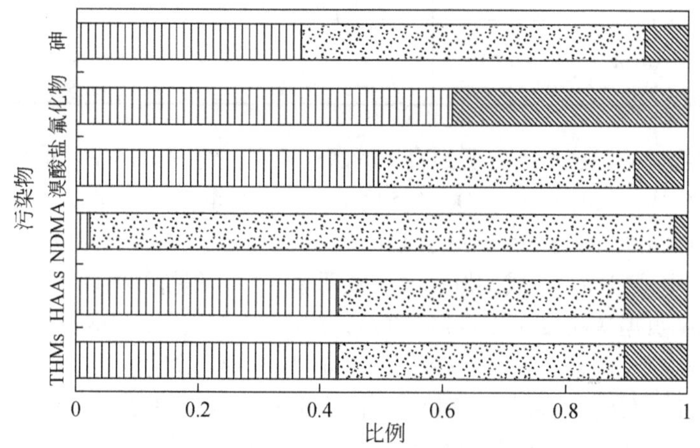

图 6-10 污染物各类经济负担占总疾病经济负担的比例

表 6-14 各类污染物造成疾病的经济负担

污染物	疾病类型	发病人数/百万人	直接经济负担/百万元	间接 YLLs 经济负担/百万元	间接 YLDs 经济负担/百万元	总间接经济负担/百万元	总的疾病经济负担/百万元
THMs	膀胱癌	129. 8	7. 50	8. 05	1. 82	9. 88	17. 38
HAAs	膀胱癌	78. 3	4. 52	4. 86	1. 10	5. 96	10. 48
NDMA	肝癌	36. 2	0. 46	16. 59	0. 41	17. 01	17. 47
溴酸盐	肾癌	2. 9	0. 23	0. 19	0. 04	0. 23	0. 47

① GDP：国内生产总值。

续表

污染物	疾病类型	发病人数/百万人	直接经济负担/百万元	间接 YLLs 经济负担/百万元	间接 YLDs 经济负担/百万元	总间接经济负担/百万元	总的疾病经济负担/百万元
氟化物	中度氟斑牙	151 839.6	117.98	0.00	92.21	92.21	210.19
	重度氟斑牙	56 112.7	83.66	0.00	34.08	34.08	117.74
砷	肝癌	1.3	0.02	0.54	0.01	0.56	0.58
	肺癌	97.3	2.50	23.82	2.11	25.93	28.43
	皮肤癌	366.6	29.70	23.97	4.27	28.24	57.94
	膀胱癌	0.0	0.00	0.00	0.00	0.00	0.00
隐孢子虫	腹泻	2 007 488.0	190.71	—	—	66.95	257.66

氟化物造成的经济负担主要为直接的医疗费用，约占61.5%；造成的氟斑牙属于非致死性疾病，仅有间接 YLDs 经济负担。中度和重度氟斑牙分别约占64.1%和35.9%的总经济负担。隐孢子虫引起的经济负担也主要为直接医疗费用，约占74%。DBPs 中，NDMA 造成的肝癌属于致死率高且病程持续时间短的癌症，所以，其主要的经济负担是间接 YLLs 经济负担，约占97.4%。而其他三类 DBPs 造成的癌症死亡率相对较低且病程时间较长，THMs 和 HAAs 的经济负担中，直接经济负担、间接 YLLs 经济负担和间接 YLDs 经济负担分别约占43.2%、46.3%和10.5%。溴酸盐的直接经济负担和间接经济负担的贡献率相等，均为50%；间接经济负担中，主要是 YLLs 间接经济负担，约占82.6%。砷的间接经济负担约占总疾病经济负担的62.9%，其中，YLLs 和 YLDs 间接经济负担分别约为55.6%和7.3%。经济负担主要由肺癌和皮肤癌造成，分别约占32.7%和66.6%，其他两种癌症造成的经济负担可以忽略不计。对皮肤癌，直接经济负担、间接 YLLs 经济负担和间接 YLDs 经济负担分别约占51.2%、41.4%和7.4%；而肺癌与肝癌一样属于致死率很高的癌症，其主要经济负担主要由 YLLs 间接经济负担造成，约占83.8%，YLDs 间接经济负担和直接经济负担分别约占8.8%和7.4%。

6.5.2 疾病负担及经济负担排序

将七种污染物造成的疾病负担和经济负担进行比较，结果见表6-15。按照疾病负担大小和经济负担大小进行排序的顺序均为氟化物>隐孢子虫>砷>NDMA>THMs>HAAs>溴酸盐。

表 6-15　污染物造成的疾病负担和总经济负担

污染物	终身癌症发病率 /×10^{-5}	疾病负担 /×10^{-6} DALYs ppy	总经济负担 /百万元
THMs	2. 35	0. 59	17. 37
HAAs	1. 42	0. 35	10. 48
NDMA	0. 45	0. 61	17. 46
溴酸盐	0. 038	0. 011	0. 46
氟化物	—	16. 27	327. 93
砷	5. 87	2. 19	86. 94
隐孢子虫	—	8. 31	257. 66

虽然饮水氟造成的氟斑牙属于非致死疾病，且失能权重较轻，但其疾病负担和经济负担均处于第一位。除了氟斑牙的病程持续时间长，次均医疗费用较高的原因外，其主要是由于饮水氟造成的疾病影响人数众多，每年中度重度氟斑牙发病人数达 20. 8 万人，约是四种 DBPs 和砷造成的癌症发病人数的 841 倍和 447 倍。这说明虽然饮用水中非致癌性物质对人体的健康危害是非致死性的，但其造成的公众健康影响和社会经济负担值得关注。目前，我国城市供水的饮水氟含量已经处于一个偏低水平，不能简单地通过降氟达到减小疾病负担和经济负担的目的。因为，饮水氟对人体的影响存在一个最佳的阈值范围，过低的饮水氟将不利于预防龋齿，同样会加重疾病负担与经济负担。

就诊率是影响氟斑牙疾病负担的一个重要参数，6. 3 节中取我国牙科就诊率的中间值，计算不同就诊率时的疾病负担、经济负担，结果如图 6-11 所示。氟斑牙就诊率的提高可以降低其疾病负担，但会增加其经济负担。当就诊率达 100% 时，疾病负担达到最小值 2. 88×10^{-6} DALYs ppy，经济负担达到最大值 598. 5 百万元。饮水氟造成的总经济负担的主要部分是直接经济负担，而不是间接经济负担，因此，DALYs 减小带来的经济收益无法抵消增高的就诊费用。

隐孢子虫对氯消毒具有一定的抵抗性，因此，是常规水处理工艺中主要的病原微生物，其引起的健康风险和经济负担不可忽视。紫外线消毒、臭氧消毒和微膜处理工艺可以大幅度降低隐孢子虫的风险，但这几种处理方式的费用远高于氯消毒，且存在一些其他的弊端[110]。因此，需要进一步综合考虑经济及其他方面的因素来确定合适的消毒方式。

砷位于风险排序的第三位，然而我国城市供水的饮水砷水平（0. 05 ~ 8. 00μg/L）已经远低于《生活饮用水卫生标准》（GB 5749—2006）规定的上限值。有研究认为，饮水砷需要降低至 0. 018μg/L 才能达到可接受的癌症风险水

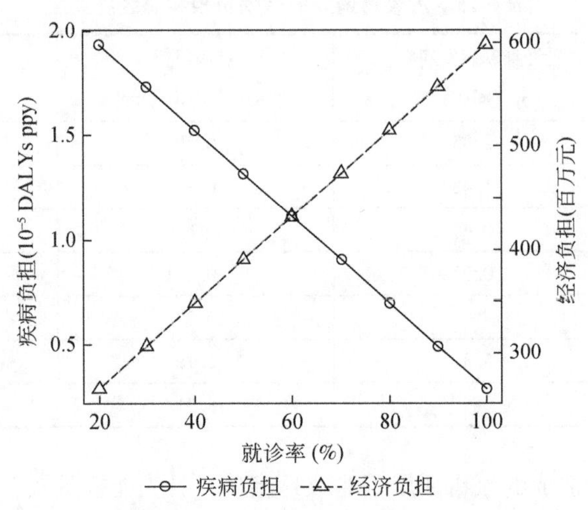

图 6-11　氟斑牙就诊率与疾病负担和经济负担的关系

平[111]，这与本节的研究结果相同。但是，进一步削减饮水砷浓度需要考虑成本和技术的可行性，结合成本-效益分析做出决策，还需要深入分析。

NDMA 位于风险排序的第四位。目前，我国未对 NDMA 制定标准值。美国加利福尼亚州制定的标准限值为 10ng/L，而加拿大安大略省将标准限值设为 9ng/L。若仅考虑我国饮用水中 NDMA 的健康风险因素，以 DALYs 的参考水平（10^{-6} DALYs ppy）为标准时，NDMA 的浓度限值应定为 4.86ng/L；而以癌症发病率（10^{-5}）为标准时，浓度限值应定为 6.64ng/L。我国饮用水中 NDMA 的浓度范围为 ND～105.10ng/L（均值为 6.09ng/L），以 DALYs 和发病率制定限值时，分别有 34.0% 和 25.4% 的超标率。因此，在制定适合我国 NDMA 的标准限值时，需要进一步考虑经济和技术水平因素。第 4 章中关于 DCAA 估算出的致癌风险和要比本章的致癌风险略高，主要是饮水量和暴露数据处理方法有所不同导致，其中，前者采用了 US EPA 的 2L/d 的饮水量，后者采用我国几个典型地区调查数据。

五种致癌性污染物，根据癌症发病率的大小对其进行排序为砷>THMs>HAAs>NDMA>溴酸盐。与疾病负担的排序相比，NDMA 的排位顺序有所不同。这主要是由于 NDMA 导致的肝癌的例均疾病负担（11.61DALYs per case）远大于 THMs 和 HAAs 导致的膀胱癌的例均疾病负担（2.13 DALYs per case）。

6.6　结　论

本章选取我国两次水质调查中不同类别的检出率较高的污染物（THMs、

HAAs、NDMA、溴酸盐、氟化物和砷），建立其基于 DALYs 的健康风险评价方法，并根据调查数据，计算各污染物可能引起的疾病负担和经济负担，主要获得以下几个方面的结论。

（1）DBPs 的健康风险评价

将 US EPA 建立的 DBPs 风险评价模型结合 WHO 建立的癌症疾病模型建立了 DBPs 的基于 DALYs 的风险评价方法，并根据水质调查数据，核算四类 DBPs（THMs、HAAs、NDMA、溴酸盐）的疾病负担。结果表明，四类 DBPs 的癌症风险均小于 WHO 的风险参考水平（10^{-6} DALYs ppy），总癌症风险为 1.56×10^{-6} DALYs ppy（以癌症发病率表示为 5.05×10^{-5}）。

（2）氟化物的健康风险评价

以 FP 优化的 Meta 回归分析方法建立了全国尺度上的饮水氟含量和氟斑牙患病率的剂量-效应关系，并根据水质和流行病学调查数据，估算了饮水氟造成中度和重度氟斑牙的疾病负担。结果表明，城市供水的氟化物浓度整体处于较低的水平，会造成 5.03% 的氟斑牙患病率，中度和重度氟斑牙的疾病负担分别为 1.83×10^{-6}DALYs ppy 和 1.06×10^{-6} DALYs ppy，总计 2.89×10^{-6}DALYs ppy，约为 WHO 规定的风险参考水平的 3 倍。

（3）饮水砷的风险评价

对已有的计算方法作进一步改进，将 US EPA 和 NRC 建立的饮水砷与癌症的剂量-效应曲线结合 WHO 的疾病模型，并根据我国水质调查数据，估算了饮水砷造成的疾病负担。结果表明，我国城市供水的砷浓度处于较低的水平，不会导致致癌性的健康影响，导致的总的终身癌症发病率为 5.87×10^{-5}，总疾病负担为 2.19×10^{-6} DALYs ppy，其中，肺癌和膀胱癌分别约占 56.2% 和 42.9%，膀胱癌和肝癌的疾病负担可忽略不计。

（4）七种污染物的风险排序

七种污染物引起的疾病负担和经济负担排序均为氟化物>隐孢子虫>砷>NDMA>THMs>HAAs>溴酸盐。氟化物虽是非致癌污染物，且仅是引起失能权重很小的非致死疾病，但由于污染浓度非常高，比其他污染物的高三个数量级，其非常普遍，影响人口众多，并且氟斑牙持续时间很长，造成了不容忽视的公众健康影响。五种致癌污染物按造成的癌症发病率进行排序为砷>THMs>HAAs>NDMA>溴酸盐。DALYs 损失和癌症发病率是衡量癌症风险的两个不同的指标，DALYs 指标综合了癌症的发病率、严重程度和对人群的影响程度，更具合理性。

对污染物进行风险排序最大的问题在于，不同终点之间不具备可比性。例如，龋齿很难和头疼相比，残疾也很难和致癌相比。采用疾病负担的方法可以将不同的危害终点采用赋予权重的办法统一到一种尺度，可以将不同的尺度风险统一到一种尺度。尽管在直观上认为致癌和死亡，要远比龋齿严重，但是在进行决策时直观感觉很难进行定量。因此，风险比较和排序关键的环节是如何构建一种方法将不同危害终点统一到一种尺度。

参考文献

[1] WHO. Guidelines for drinking-water quality- 4th ed [M]. Geneva: World Health Organization, 2011.

[2] Havelaar A H, Melse J M. Quantifying public health risk in the WHO Guidelines for Drinking-water Quality: A burden of disease approach [R]. Rijksinstituut Voor Volksgezondheid en Milieu, 2003.

[3] An W, Zhang D, Xiao S, et al. Risk assessment of Giardia in rivers of southern China based on continuous monitoring [J]. Journal of Environmental Science, 2012, 24 (2): 309-313.

[4] An W, Zhang D, Xiao S, et al. Quantitative health risk assessment of Cryptosporidium in rivers of southern China based on continuous monitoring [J]. Environmental Science and Technology, 2011, 45 (11): 4951-4958.

[5] Xiao S, An W, Chen Z, et al. The burden of drinking water-associated cryptosporidiosis in China: The large contribution of the immunodeficient population identified by quantitative microbial risk assessment [J]. Water Research, 2012, 46 (13): 4272-4280.

[6] Lokuge K M, Smith W, Caldwell B, et al. The effect of arsenic mitigation interventions on disease burden in Bangladesh [J]. Environmental Health Perspectives, 2004, 112 (11): 1172-1177.

[7] Howard G, Ahmed M F, Teunis P, et al. Disease burden estimation to support policy decision-making and research prioritization for arsenic mitigation [J]. Journal of Water and Health, 2007, 5 (1): 67-81.

[8] Howard G, Ahmed M F, Shamsuddin A J, et al. Risk assessment of arsenic mitigation options in Bangladesh [J]. Journal of Health Population and Nutrition, 2006, 24 (3): 346-355.

[9] Mondal D, Adamson G C D, Nickson R, et al. A comparison of two techniques for calculating groundwater arsenic-related lung, bladder and liver cancer disease burden using data from Chakdha block, West Bengal [J]. Applied Geochemistry, 2008, 23 (11): 2999-3009.

[10] Hrudey S E. Chlorination disinfection by-products, public health risk tradeoffs and me [J]. Water Research, 2009, 43 (8): 2057-2092.

[11] Richardson S D, Plewa M J, Wagner E D, et al. Occurrence, genotoxicity, and carcinogenicity of regulated and emerging disinfection by-products in drinking water: A review and roadmap for research [J]. Mutation Research, 2007, 636 (1-3): 178-242.

[12] Meng L P, Dong Z M, Hu J Y. National survey and risk assessment of haloacetic acids in drinking water in China for reevaluation of the drinking water standards [J]. China Environmental Science, 2012, 32 (4): 721-726.

[13] Zhang H, Zhang Y, Shi Q, et al. Study on transformation of natural organic matter in source water during chlorination and its chlorinated products using ultrahigh resolution mass spectrometry [J]. Environmental Science and Technology, 2012, 46 (8): 4396-4402.

[14] Krasner S W, Weinberg H S, Richardson S D, et al. Occurrence of a new generation of disinfection byproducts [J]. Environmental Science and Technology, 2006, 40 (23): 7175-7185.

[15] Sadiq R, Rodriguez M J. Fuzzy synthetic evaluation of disinfection by-products: A risk-based indexing system [J]. Journal of Environmental Management, 2004, 73 (1): 1-13.

[16] Ding H, Meng L, Zhang H, et al. Occurrence, profiling and prioritization of halogenated disinfection by-products in drinking water of China [J]. Environmental Science Processes and Impacts, 2013, 15 (7): 1424-1429.

[17] IRIS. Integrated Risk Information System [EB/OL]. http: //www. epa. gov/IRIS [2013-06-18].

[18] Wei J R, Ye B X, Wang W Y, et al. Spatial and temporal evaluations of disinfection by-products in drinking water distribution systems in Beijing, China [J]. Science of the Total Environment, 2010, 408 (20): 4600-4606.

[19] Ye B, Wang W, Yang L, et al. Factors influencing disinfection by-products formation in drinking water of six cities in China [J]. Journal of Hazardous Materials, 2009, 171 (1-3): 147-152.

[20] Zhang J, Yu J, An W, et al. Characterization of disinfection byproduct formation potential in 13 source waters in China [J]. Journal of Environmental Management, 2011, 23 (2): 183-188.

[21] Chowdhury S, Rodriguez M J, Sadiq R. Disinfection byproducts in Canadian provinces: Associated cancer risks and medical expenses [J]. Journal of Hazardous Materials, 2011, 187 (1): 574-584.

[22] Yoon J, Choi Y, Cho S, et al. Low trihalomethane formation in Korean drinking water [J]. Science of the Total Environment, 2003, 302 (1-3): 157-166.

[23] Gan W, Guo W, Mo J, et al. The occurrence of disinfection by-products in municipal drinking water in China's Pearl River Delta and a multipathway cancer risk assessment [J]. Science of the Total Environment, 2013, 447: 108-115.

[24] Valentine R L. Factors affecting the formation of NDMA in water and occurrence [M]. Denver: American Water Works Research Foundation, 2005.

[25] von Gunten U. Ozonation of drinking water: Part II. Disinfection and by-product formation in presence of bromide, iodide or chlorine [J]. Water Research, 2003, 37 (7): 1469-1487.

[26] Cantor K P. Drinking water and cancer [J]. Cancer Causes Control, 1997, 8 (3): 292-308.

[27] Chowdhury S, Champagne P. Risk from exposure to trihalomethanes during shower: Probabilistic assessment and control [J]. Science of the Total Environment, 2009, 407 (5): 1570-1578.

[28] Xu X, Weisel C P. Inhalation exposure to haloacetic acids and haloketones during showering

[J] . Environmental Science and Technology, 2003, 37 (3): 569-576.

[29] Xu X, Mariano T M, Laskin J D, et al. Percutaneous absorption of trihalomethanes, haloacetic acids, and haloketones [J] . Toxicology and Applied Pharmacology, 2002, 184 (1): 19-26.

[30] IRIS. Integrated Risk Information System-N-Nitrosodimethylamine Quickview (CASRN 62-75-9) [EB/OL] . http: //www. epa. gov/iris/subst/0045. htm [2013-06-18] .

[31] IRIS. Integrated Risk Information System-Bromate (CASRN 15541-45-4) [EB/OL] . http: //www. epa. gov/iris/subst/1002. htm [2013-06-18] .

[32] RAIS. The Risk Assessment Information System [EB/OL] . http: //rais. ornl. gov [2013-06-18] .

[33] USEPA. Risk Assessment Guidance for Superfund. Volume I: Human Health Evaluation Manual (Part A) [M] . Washington, DC: US Environmental Protection Agency, 1989.

[34] Anders W, Bull R, Cantor K, et al. Some drinking-water disinfectants and contaminants, including arsenic [M] . Geneva: World Health Organization, 2004.

[35] Morris R D, Audet A M, Angelillo I F, et al. Chlorination, chlorination by-products, and cancer: A meta-analysis [J] . American Journal of Public Health, 1992, 82 (7): 955-963.

[36] Rahman M B, Driscoll T, Cowie C, et al. Disinfection by-products in drinking water and colorectal cancer: A meta-analysis [J] . International Journal of Epidemiology, 2010, 39 (3): 733-745.

[37] Villanueva C M, Cantor K P, Cordier S, et al. Disinfection byproducts and bladder cancer: A pooled analysis [J] . Epidemiology, 2004, 15 (3): 357-367.

[38] Villanueva C M, Cantor K P, Grimalt J O, et al. Bladder cancer and exposure to water disinfection by-products through ingestion, bathing, showering, and swimming in pools [J] . American Journal of Epidemiology, 2007, 165 (2): 148-156.

[39] 陈忠林，殷世忠，杨磊，等. 新型消毒副产物 N-亚硝基二甲胺的研究进展 [J] . 中国给水排水，2008，23 (22): 6-11.

[40] Havelaar A H, de Hollander A E, Teunis P F, et al. Balancing the risks and benefits of drinking water disinfection: Disability adjusted life-years on the scale [J] . Environmental Health Perspectives, 2000, 108 (4): 315-321.

[41] Mathers C, Boschi Pinto C. Global burden of cancer in the year 2000: Version 1 estimates [M] . Geneva: World Health Organization, 2003.

[42] Soerjomataram I, Lortet-Tieulent J, Ferlay J, et al. Estimating and validating disability-adjusted life years at the global level: A methodological framework for cancer [J] . Bmc Medical Research Methodology, 2012, 12 (1): 125.

[43] USEPA. Guidelines for carcinogen risk assessment [M] . Washington, DC: US Environmental Protection Agency, 2005.

[44] Watanabe T, Hashimoto K, Abe Y, et al. Evaluation of health risks in the wastewater reclamation in the Abukuma Watershed, Japan [J] . Journal of Water and Environmental Technology, 2005, 3 (2): 223-233.

[45] Wen D G, Shan B E, Zhang S W, et al. Analysis of incidence and mortality rates of bladder cancer in registration areas of China from 2003 to 2007 [J]. Tumor, 2012, 32 (4): 256-262.

[46] 陈建国，陈万青，张思维. 中国2003-2007年肝癌发病率与死亡率分析 [J]. 中华流行病学杂志，2012，33 (6): 547-553.

[47] 张永贞，杨国庆，张思维，等. 中国2009年肾及泌尿系统其他癌发病和死亡分析 [J]. 中国肿瘤，2013，22 (5): 333-337.

[48] Vostakolaci F A, Karim-Kos H E, Janssen-Heijnen M L G, et al. The validity of the mortality to incidence ratio as a proxy for site-specific cancer survival [J]. European Journal of Public Health, 2011, 21 (5): 573-577.

[49] Småstuen M, Aagnes B, Johannesen T, et al. Long-term cancer survival: Patterns and trends in Norway 1965-2007 [M]. Oslo: Cancer Registry of Norway, 2008,

[50] Group P H. Victorian burden of disease study: mortality and morbidity in 2001 [M]. Melbourne: Department of Human Services, 2005,

[51] China N B O S O. China statistical yearbook [EB/OL]. http://www.stats.gov.cn/tjsj/ndsj/2012/indexeh.htm [2013-06-18].

[52] Murray C J. Quantifying the burden of disease: the technical basis for disability-adjusted life years [J]. Bulletin of the World Health Organization, 1994, 72 (3): 429-445.

[53] Fosså S D, Ous S, Espetveit S, et al. Patterns of primary care and survival in 336 consecutive unselected Norwegian patients with bladder cancer [J]. Scandinavian Journal of Urology and Nephrology, 1992, 26 (2): 131.

[54] Hardt J, Filipas D, Hohenfellner R, et al. Quality of life in patients with bladder carcinoma after cystectomy: First results of a prospective study [J]. Quality of Life Research, 2000, 9 (1): 1-12.

[55] 余波，银恭举，张莉，等. 饮水氟含量与儿童龋齿和氟斑牙关系的调查 [J]. 中国地方病学杂志，2003，22 (5): 437-438.

[56] 张明访，向全永，彭芳，等. 饮水氟含量与地方性氟中毒的剂量-反应关系 [J]. 职业与健康，2006，22 (8): 566-568.

[57] Berlin J A, Longnecker M P, Greenland S. Meta-analysis of epidemiologic dose-response data [J]. Epidemiology, 1993, 4 (3): 218-228.

[58] Greenland S. Dose-response and trend analysis in epidemiology: alternatives to categorical analysis [J]. Epidemiology, 1995, 6 (4): 356-365.

[59] 全国牙病防治指导组. 第二次全国口腔健康流行病学抽样调查 [M]. 北京：人民卫生出版社，1999.

[60] 孙殿军，赵新华，陈贤义. 全国地方性氟中毒重点病区调查 [M]. 北京：人民教育出版社，2005.

[61] 潘申龄，安伟，李红岩，等. 采用分式多项式模型估算饮用水中氟化物的安全阈值 [J]. 卫生研究，2014，43 (1): 27-31.

[62] Corrao G, Rubbiati L, Bagnardi V, et al. Alcohol and coronary heart disease: A meta-analysis [J]. Addiction, 2002, 95 (10): 1505-1523.

[63] Greenland S, Longnecker M P. Methods for trend estimation from summarized dose-response data, with applications to meta-analysis [J]. American Journal of Epidemiology, 1992, 135 (11): 1301-1309.

[64] Greenland S. Quantitative methods in the review of epidemiologic literature [J]. Epidemiology Reviews, 1987, 9: 1-30.

[65] Royston P. A strategy for modelling the effect of a continuous covariate in medicine and epidemiology [J]. Statistics in Medicine, 2000, 19 (14): 1831-1847.

[66] Royston P, Altman D G. Regression using fractional polynomials of continuous covariates: Parsimonious parametric modelling [J]. Journal of the Royal Statistical Society, 1994, 43 (3): 429-467.

[67] Royston P. Flexible parametric alternatives to the Cox model, and more [J]. Stata Journal, 2001, 1 (1): 1-28.

[68] Royston P, Ambler G, Sauerbrei W. The use of fractional polynomials to model continuous risk variables in epidemiology [J]. International Journal of Epidemiology, 1999, 28 (5): 964-974.

[69] Thompson S G, Higgins J P. How should meta-regression analyses be undertaken and interpreted [J]. Statistics in Medicine, 2002, 21 (11): 1559-1573.

[70] Thompson S G, Sharp S J. Explaining heterogeneity in meta-analysis: A comparison of methods [J]. Statistics in Medicine, 1999, 18 (20): 2693-2708.

[71] Knapp G, Hartung J. Improved tests for a random effects meta-regression with a single covariate [J]. Statistics in Medicine, 2003, 22 (17): 2693-2710.

[72] Chankanka O, Levy S M, Warren J J, et al. A literature review of aesthetic perceptions of dental fluorosis and relationships with psychosocial aspects/oral health-related quality of life [J]. Community Dentistry and Oral Epidemiology, 2010, 38 (2): 97-109.

[73] 任吉芳，张练平，赵静．山西省高氟区 6～18 岁人群着色型氟斑牙分布特点调查 [J]．中国地方病学杂志，1998，17 (6)：397-400.

[74] Zhu L, Petersen P E, Wang H Y, et al. Oral health knowledge, attitudes and behaviour of children and adolescents in China [J]. International Dental Journal, 2003, 53 (5): 289-298.

[75] 吴友农，汤惠忠，杨淑琴，等．无锡市中学生龋病的发生、未治率和牙科畏惧症的调查分析 [J]．口腔医学，2004，24 (6)：367-368.

[76] 顾钦，冯希平．上海市浦东新区牙科人力需要与需求预测 [J]．上海口腔医学，2006，15 (1)：34-37.

[77] 王左敏，王鸿颖，曹采方，等．北京市城区居民牙科服务需要与需求状况分析 [J]．中华口腔医学杂志，2000，35 (6)：476-478.

[78] Lo E C, Lin H C, Wang Z J, et al. Utilization of dental services in Southern China [J].

Journal of Dental Research, 2001, 80 (5): 1471-1474.

[79] Jiang H, Petersen P E, Peng B, et al. Self-assessed dental health, oral health practices, and general health behaviors in Chinese urban adolescents [J]. Acta Odontologica Scandinavica, 2005, 63 (6): 343-352.

[80] 魏丽，闰秀娟，杨亚丽. Beyond 冷光美白仪漂白四环素牙的疗效观察 [J]. 中华现代临床医学杂志，2005，3 (12): 1188-1189.

[81] 陈晖，康媛媛，张英. Beyond 冷光美白结合祛氟剂治疗氟斑牙临床疗效观察 [J]. 中国实用口腔科杂志，2009，2 (1): 39-41.

[82] Brennan D S, Spencer A J. Disability weights for the burden of oral disease in South Australia [J]. Population Health Metrics, 2004, 2 (1): 7-18.

[83] IRIS. Integrated Risk Information System Arsenic, inorganic (CASRN 7440-38-2) [EB/OL]. http://www.epa.gov/iris/subst/0278.htm [2013-06-18].

[84] Adamson G C D, Polya D A. Critical pathway analysis to determine key uncertainties in net impacts on disease burden in Bangladesh of arsenic mitigation involving the substitution of arsenic bearing for groundwater drinking water supplies [J]. Journal of Environmental Science and Health, 2007, 42 (12): 1909-1917.

[85] Yu W H, Harvey C M, Harvey C F. Arsenic in groundwater in Bangladesh: A geostatistical and epidemiological framework for evaluating health effects and potential remedies [J]. Water Resources Research, 2003, 39 (6): 1-17.

[86] Naujokas M F, Anderson B, Ahsan H, et al. The broad scope of health effects from chronic arsenic exposure: Update on a worldwide public health problem [J]. Environmental Health Perspectives, 2013, 121 (3): 295-302.

[87] NRC. Arsenic in Drinking Water: 2001 Update [M]. Washington, DC: National Academy Press, 2001.

[88] Mazumder D N G, Haque R, Ghosh N, et al. Arsenic levels in drinking water and the prevalence of skin lesions in West Bengal, India [J]. International Journal of Epidemiology, 1998, 27 (5): 871-877.

[89] Astolfi E, Maccagno A, Fernández J C G, et al. Relation between arsenic in drinking water and skin cancer [J]. Biological Trace Element Research, 1981, 3 (2): 133-143.

[90] Tsuda T, Babazono A, Yamamoto E, et al. Ingested arsenic and internal cancer: A historical cohort study followed for 33 years [J]. American Journal of Epidemiology, 1995, 141 (3): 198-209.

[91] Ahsan H, Perrin M, Rahman A, et al. Associations between drinking water and urinary arsenic levels and skin lesions in Bangladesh [J]. Journal of Occupational and Environmental Medicine, 2000, 42 (12): 1195-1201.

[92] 侯少范，王五一，李海蓉，等. 我国地方性砷中毒的地理流行病学规律及防治对策 [J]. 地理科学进展，2002，21 (4): 391-400.

[93] 林年丰，汤洁. 我国砷中毒病区的环境特征研究 [J]. 地理科学，1999，19 (2):

135-139.
[94] 吴锦权，陈泽池，温兴章，等．广东省农村饮水砷含量调查结果分析［J］．卫生研究，2004，33（4）：402-403.
[95] Guo J X，Hu L，Yand P Z，et al. Chronic arsenic poisoning in drinking water in Inner Mongolia and its associated health effects［J］. Journal of Environmental Science and Health，2007，42（12）：1853-1858.
[96] Dauphiné D C，Smith A H，Yuan Y，et al. Case-Control Study of Arsenic in Drinking Water and Lung Cancer in California and Nevada［J］. International Journal Environmental Research and Public Health，2013，10（8）：3310-3324.
[97] Bates M N，Rey O A，Biggs M L，et al. Case-control study of bladder cancer and exposure to arsenic in Argentina［J］. American Journal of Epidemiology，2004，159（4）：381-389.
[98] Su C C，Lu J L，Tsai K Y，et al. Reduction in arsenic intake from water has different impacts on lung cancer and bladder cancer in an arseniasis endemic area in Taiwan［J］. Cancer Causes Control，2011，22（1）：101-108.
[99] Chen C J，Chuang Y C，Lin T M，et al. Malignant neoplasms among residents of a blackfoot disease-endemic area in Taiwan：High-arsenic artesian well water and cancers［J］. Cancer Research，1985，45（2）：5895-5899.
[100] Tseng W，Chu H M，How S W，et al. Prevalence of skin cancer in an endemic area of chronic arsenicism in Taiwan［J］. Journal of the National Cancer Institute，1968，40（3）：453-463.
[101] USEPA. Special report on ingested inorganic arsenic，skin cancer；nutritional susceptibility［M］. Washington，DC：Risk Assessment Forum，Environmental Protection Agency，1988.
[102] Chen C J，Chen C W，Wu M M，et al. Cancer potential in liver，lung，bladder and kidney due to ingested inorganic arsenic in drinking water［J］. British Journal of Cancer，1992，66（5）：888-892.
[103] Podgor M J，Leske M C. Estimating incidence from age-specific prevalence for irreversible diseases with differential mortality［J］. Statistics in Medicine，1986，5（6）：573-578.
[104] 陈万青，郑荣寿，张思维，等. 2003—2007 年中国肺癌发病与死亡分析［J］．实用肿瘤学杂志，2012，26（1）：6-10.
[105] Byrd D M，Roegner M L，Griffiths J C，et al. Carcinogenic risks of inorganic arsenic in perspective［J］. International Archives of Occupational and Environmental Health，1996，68（6）：484-494.
[106] 庄润森，王声湧．如何评价疾病的经济负担［J］．中国预防医学杂志，2001，2（4）：245-247.
[107] 林云，王金荣，富小飞，等．嘉兴市社区人群腹泻病疾病负担调查［J］．中国公共卫生管理，2013，29（2）：158-160.
[108] 王心旺，杨哲，方积乾．广东省居民 6 种疾病负担研究［J］．广州医学院学报，2004，32（2）：21-25.

[109] Murray C J, Kreuser J, Whang W. Cost-effectiveness analysis and policy choices: Investing in health systems [J]. Bulletin of the World Health Organization, 1994, 72 (4): 663-674.

[110] Betancourt W Q, Rose J B. Drinking water treatment processes for removal of Cryptosporidium and Giardia [J]. Veterinary Parasitology, 2004, 126 (1-2): 219-234.

[111] Gentry P R, Clewell Iii H J, Greene T B, et al. The impact of recent advances in research on arsenic cancer risk assessment [J]. Regulatory Toxicology and Pharmacology, 2014, 69 (1): 91-104.

缩　略　语

SDWA	《安全饮用水法》
MDL	方法检出限
PQL	实际定量限
RfD	参考剂量
CSF	致癌物致癌斜率因子
NOAEL	无影响作用剂量
LOAEL	最低毒性剂量
BMD	基准剂量
BMDL	BMD 的置信下限（95%）值
DALYs	伤残调整生命年
HI	危害指数
UF	不确定系数
CDI	慢性每日摄入量
VAS	视觉模拟评分法
TTO	时间平衡技术
PTO	人数平衡技术
BOD	疾病负担
DBPs	消毒副产物
THMs	三卤甲烷
HAAs	卤乙酸
MCAA	一氯乙酸

DCAA	二氯乙酸
TCAA	三氯乙酸
MBAA	一溴乙酸
DBAA	二溴乙酸
TBAA	三溴乙酸
BCAA	一溴氯乙酸
BDCAA	一溴二氯乙酸
DBCAA	二溴一氯乙酸
HKs	卤代酮类
HANs	卤乙腈
CH	卤乙醛类